KB264955

세계의 자연유산
은행나무의 과학 · 문화 · 신비

세계의 자연유산
은행나무의 과학 · 문화 · 신비

지은이 소 웅 영 (이학박사)
윤　실 (이학박사)

전파과학사

서 문

나무는 아름다운 경관을 이루면서, 광합성작용으로 이산화탄소를 흡수하고 산소를 대량 생산한다. 그들은 땅의 침식을 방지하고 지열의 변화를 완화시키는 작용을 한다. 목재는 과거로부터 지금까지 가장 중요한 건축자재인 동시에 에너지원이기도 하다. 지구상에는 약 50만 종의 식물(목본과 초본 등)이 살고 있고, 그 중 약 20%인 10만여 종이 나무이다. 이들 나무 종류의 대부분은 열대지방에 자란다.

이 책은 그토록 많은 나무 중에 우리나라에서 어디를 가든지 만날 수 있고, 선조들이 오래 전부터 마을 주변 언덕과 밭둑에 키워왔으며, 공룡시대에 태어나 지금까지 살아온 은행나무에 대한 신비롭고도 흥미로운 과학적 사실을 소개한다. 과거에는 한반도에도 공룡이 많이 살았으며, 그들과 함께 여러 종류의 은행나무가 무성하게 자랐다. 그러나 과거 지질시대에 지구상에 대변혁이 일어났을 때, 한반도에 살던 공룡과 은행나무는 모두 절멸하고 말았다. 그래서 지금 우리 주변에 널리 자라는 은행나무는 1,500여 년 전 선조들이 중국으로부터 가져와 정성들여 키우며 증식시킨 것들이다.

한국인이 유난히 은행나무를 좋아하는 이유는 많다. 인터넷에는 은행나무를 사랑하는 사람들만의 홈페이지가 있고, 카페가 있으며, 계절마다 아름답게 물든 은행나무를 촬영하기 위해 전국을 여행하는 애호가들도 다수 있다. 최근에는 은행나무의 역사성과 아름다움, 그리고 그 값어치에 대해 소개한 저서도 다수 출간되었다.

세계적으로 은행나무는 사랑, 평화, 희망, 장수의 상징이 되어 있다. 수많은 사람의 사랑을 받는 은행나무는 여러 가지 자랑거리를 가지고 있으며, 식물학적으로는 유난히 많은 신비를 가진 식물이기도 하다. 은행나무는 세계 어느 나라보다 우리나라 기후와 풍토에 특히 잘 자란다. 우리의 선조들은 은행나무를 특별히 아끼며 보호해 왔기에 그 이유를 몇 가지 찾아본다.

1. 은행나무는 인류가 가장 먼저 조림하기 시작한 수목이며, 재배의 역사는 약 3,500년에 이르고 있다.
2. 은행나무는 공룡시대 이전에 나타나 지구 전 대륙에 무성히 자랐으며, 공룡시대에는 초식공룡의 거대한 배를 채워주던 먹이 식물이다.
3. 은행나무는 약 2억 7천만 년 전에 탄생하여 지금까지 생존하는 '살아 있는 화석식물'이다.
4. 은행나무는 불교와 유교가 신성시 하여 고찰과 향교 등에 심어 보호해온 종교 문화적 수목이다.
5. 은행나무 열매는 영양가가 풍부한 식량이며, 잎과 열매에는 혈액순환제와 같은 훌륭한 생약 성분이 포함되어 있다.
6. 은행나무는 많은 나무 중에 가로수, 정원수, 정자나무로 가장 적당한 수목의 하나이다.
7. 은행나무는 잎, 줄기, 뿌리 어디에도 해충과 병이 거의 없는 수목이다.
8. 은행나무는 낙엽이 아름다워 만추의 정서를 상징하는 첫 번째 계절의 식물이다.
9. 은행나무 재목은 목질이 연하고 색이 곱기 때문에 가구와 목불(木佛), 목공예품 제조에 적합하다.
10. 은행나무는 강풍, 공해, 병충해, 화재, 방사선에 강하여 '불굴'을 상징하는 수목이기도 하다.
11. 은행나무는 진화상 고사리와 나자식물(소나무와 같은 겉씨식

물) 중간에 속하는 원시적인 종자식물로서, 식물의 진화와 조직·발생 연구에 중요한 특징을 가진 표본 식물이다.

12. 은행나무는 꽃가루를 만들고 수정을 하여 열매를 맺는 종자식물이 진화되어 나오는데 결정적 역할을 한 나무이다.

13. 대부분의 나자식물은 한 몸에 암수 생식기관(암꽃과 수꽃)을 가지고 있으나, 은행나무는 암그루와 수그루가 따로 있는 '자웅이주'(암수딴그루) 식물이다. 그래서 "은행나무는 마주 보아야 열매를 맺는다."는 속담도 생겼다.

14. 은행나무는 꽃가루에서 정자(精子)를 만들어 수정하는 특별한 식물이기에 식물학자들의 중요한 연구 대상이다.

한국인이 유난히 사랑하는 은행나무에 대한 책은 최근에도 몇 종 출간되었지만, 은행나무의 신비에 대한 과학적 내용까지 알기 쉽게 소개한 것은 아직 없었다. 이 책은 선조들이 가장 사랑하면서 보호해왔고, 독특한 특성을 많이 가진 은행나무와 연관된 과학적 사실들을 종합하여 일반인들이 흥미롭게 읽도록 꾸민 것이다. 이 책을 통해 우리의 자연유산인 은행나무를 더욱 사랑하고 이용하며 연구하게 되기를 기대한다.

2011년

차 례

제 3 장 은행나무의 이용과 문화

제 4 장 은행나무의 보호와 문화

제 5 장 은행나무의 식물 과학

제 6 장 은행나무의 꽃과 열매의 신비

제 1 장

은행나무는 살아있는 화석식물

🍃 은행나무는 우리에게 어떤 식물인가?

　지구상에는 약 10만종의 나무가 살고 있으며, 대부분의 종류는 열대지방에 자라고 있다. 우리나라의 대표적 수목 3가지를 들라면 소나무, 느티나무, 은행나무가 꼽힌다. 이 중에 은행나무는 어떤 나무보다 장수하며, 수형이 우아한데다 짙은 그늘을 넓게 펼쳐 제공하며, 가을이면 노란색 단풍이 아름답다. 이 땅의 선조들은 약 1,500여 년 전부터 사찰과 마을 공터에 은행나무를 정자나무로 심어 보호해왔다. 현대에 와서 가로수로 선택받은 은행나무는 무수히 차가 다니는 도로변에서 도시의 공해(公害)를 잘 견디며, 좀처럼 병에 걸리지도 않고 해충의 피해를 받지도 않으면서 공해가스를 흡수하고 산소를 방출하면서 잘 자란다.

　사람들에게 은행나무가 어떤 나무냐고 묻는다면, 대부분은 '길가에 가로수로 많이 자라고, 천년 고찰이나 학교 운동장 주변, 공원, 마을 정자나무로 많이 심으며, 가을에 노랗게 단풍드는 나무'라고

대답할 것이다. 또 '은행나무는 암수가 있는 나무이며, 서로 마주 보지 않으면 열매가 열리지 않는 나무'라고 말할 것이다. 그러나 알고 보면 은행나무 암그루는 수나무가 없어도 열매가 달린다. 다만 수정되지 않았으므로 씨 속에 다음 세대를 이어갈 씨눈(유배 幼胚)이 생기지 않았을 뿐이다.

어린 은행나무는 육안으로 보아 암그루와 수그루를 구별하지 못한다. 그러나 꽃이 피고 열매가 달릴 때가 되면 쉽게 그것을 알 수 있다. 은행나무 씨를 심어 꽃이 피는 나이가 되려면 20~30년이 걸리기도 한다. 일단 성목(成木)이 되고나면, 해마다 봄이면 수나무에서는 수꽃이 피어나고, 암나무에서는 암꽃이 피어난다. 이에 대한 보다 자세한 내용은 제6장에서 소개한다. 은행나무는 어릴 때는 대개 긴 원추형으로 곧게 높이 자란다. 그러나 노목이 되어 가면 큰 가지들이 옆으로 퍼지고 수관(樹冠)도 넓어져 전형적인 부채꼴 정자나무 형상을 이루게 된다.

한국인과 중국, 일본인들은 암그루를 심기 좋아한다. 그 이유는 은행나무의 열매를 먹을 수 있기 때문이다. 선조들은 은행나무 열매를 식용만 아니라 약용으로도 이용했다. 그러나 서양에서는 암나무보다 수나무를 주로 심는다. 그들은 열매를 먹지 않기 때문에 냄새를 풍기는 암나무의 열매를 기피하는 것이다. 은행나무는 35m 이상까지 키가 곧게 자랄 수 있다. 이 정도로 키가 자란 나무의 가슴높이 둘레는 약 10m에 이른다.

🍂 은행나무는 인류와 가장 가까운 식물

은행나무의 조상은 약 2억 7,000만 년 전인 페름기에 나타났으며, 그때는 종류도 여러 가지였다. 그 후 공룡이 살던 주라기에 왔을 때는 그들의 전성기이기도 했다. 은행나무의 화석은 지구 남반구와 북반구 모두에서 발견된다. 오늘날 살고 있는 유일한 종류의 은행나무인 학명(學名) 깅고 빌로바(*Ginkgo biloba*)는 공룡이 살던 1억 2,500만 년 전에 나타났으며, 그들은 당시의 모습 그대로 지금까지 생존해오고 있다.

중국, 한국, 일본 세 나라는 일찍부터 은행나무를 사찰, 향교, 마을이나 정원에 심어 정자나무로 이용해왔다. 그 외에도 길가나 냇가 등 여기저기 마을 가까운 곳에 심어 목재로 사용하고, 그 잎과 씨는 약용과 식용으로 이용해왔다. 은행잎은 좀처럼 해충의 침해를 받지 않기 때문에 무성한 은행잎은 여름 동안 어떤 나무보다 짙은 그늘을 만든다. 가을이 오면 밝은 황색으로 물든 은행나무 잎은 산야와 도시를 늦가을까지 아름답게 장식하다가, 서리가 내린 이후 강풍이 부는 추운 날, 우수수 한꺼번에 낙엽지고 있다.

조상들은 은행나무 잎과 열매를 약용해왔다. 약 반세기 전, 현대과학은 은행나무의 잎에서 혈액순환을 돕는 '깅콜라이드'(ginkolide)라는 물질을 찾아내어 약용하기 시작했다. 이후 이 약효 성분을 대량 생산하기 위해 대규모 은행나무 농장이 생겨났으며, 현재 그 재배 면적은 계속 확장되고 있다.

은행나무는 물기가 풍부하면서 배수가 좋은 땅에 잘 자라지만, 그늘에서도 비교적 잘 견디고, 강변의 방죽이라든가 경사진 바위땅과 같은 거친 환경에서도 생장한다. 은행나무는 씨로 번식시킬 수도 있고, 삽목이라든가 접목도 되는 영양번식(營養繁殖)이 잘 되는 식물이다.

찰스 다윈은 1859년에 발표한 〈종의 기원〉에서 은행나무가 가장 오래 된 중생대의 종자식물이라는 것을 알고 '살아 있는 화석'(living fossil)이라고 처음 말했다.

🌿 고생대에 처음 나타난 은행나무 조상

진화상 은행나무의 조상으로 인정되는 식물은 종자고사리(seed fern)인데, 이 식물은 모두 사라지고 화석으로만 찾아볼 수 있을 뿐이다. 공룡을 전시하는 자연사박물관의 배경 그림에는 은행나무의 조상 식물인 종자고사리가 많이 그려져 있다. 종자고사리는 열대지방에 자라는 소철이나 나무고사리(tree fern)와 닮았지만 식물학적인 중요 특징에는 큰 차이가 있다.

종자고사리는 데본기 후기에 지상에 나타나 석탄기와 페름기를 거쳐 약 2억년 동안 번성하다가 중생대의 백악기에 와서 소철과 키 큰 침엽수들이 나타나면서 거의 소멸해버린 식물이다. 당시의 종자고사리는 석탄이 된 중요 식물이며, 따라서 석탄층에서 화석으로 다량 발견된다. 지금의 고사리는 모두 홀씨를 만들어 증식하지만, 종

약 1억 5,000만 년 이전 백악기까지 2억여 년 동안 지상을 뒤덮고 자랐던 나무고사리 종류를 추정하여 그린 그림이다.

멕시코, 우루과이, 뉴질랜드, 인도네시아 등지에 자라는 상록의 양치식물인 딕소니아(*Dicksonia*) 고사리는 키가 4m까지 자라며, 세계의 수목원 온실에서 키우고 있다.

자고사리는 암수나무가 수정하여 종자를 맺었으며, 헛물관과 체관(관다발 조직)을 가지고 있었던 원시식물이다.

오늘날 볼 수 있는 고사리의 종류는 약 1만 2,000종이나 된다. 이들 고사리의 선조는 약 3억 6,000만 년 전인 석탄기에 나타났으나, 현재까지 살아남은 고사리 종류는 1억 4,500만 년 전 백악기 이후에 나타난 것들이다. 이끼류(선태류)보다 한층 진화된 지금의 고사리는 잎, 줄기, 뿌리가 있으며, 줄기 속에는 물관과 체관이 발달되어 있다. 그러나 이들은

15

꽃을 피우지 않고 홀씨를 만들어 증식한다. 고사리 종류 중에서 나무고사리라 불리는 무리는 열대성 상록 양치식물로서 어떤 것은 키가 약 4m까지 자라며, 유명 수목원 온실에서 키우기도 한다.

긴 생존의 역사를 가진 은행나무는 중생대에는 종류도 많고, 세계 대륙 어디에나 살고 있었다. 주라기 중기(약 1억 7,500만 년 전)로부터 백악기 초기(약 1억 4,500만 년 전) 사이에만 해도 그들은 로라시아(Laurasia; 유라시아와 북미 대륙이 붙어 있던 초대륙) 대륙 전체에 무성하게 살았다. 그러나 팔레오세(약 6,500만 년 전)에 이르자, 다른 대륙에서는 모두 소멸하고 북반구에만 살아남았다. 세월이 더 지나 선신세(약 500~250만 년 전) 후기에 와서는 중국대륙의 따뜻한 남부의 일부 지역에만 살아남고 말았다.

🌿 은행나무의 최후 생존지는 중국

중국의 식물학자들은 은행나무가 지금까지 자생하고 있는 곳은 제지앙(Zhejiang)성의 티안무산(Tianmu Mountain), 한후이성의 다비에산, 중국 대륙 중심부인 후베이성의 셍농지아와 도홍산, 그리고 시추안성의 구이소우일 섯이라고 주장했다. 그러나 이곳들은 자생지라고 완전히 인정받지 못하고 있어, 앞으로도 논란이 계속될 것으로 보인다.

자생지라고 생각했던 티안무산의 은행나무들은 냇가를 따라 줄지어 자라고 있는데, 여러 정황으로 보아 인위적으로 심은 조림수로서, 약 1,100년 전에 중국 승려들이 심은 것으로 판단되고 있다. 또 이 지역은 1,500여 년 전부터 사람이 살아온 곳으로 확인되고 있다. 은행나무의 자생지에 대한 논란은 많지만, 만일 야생 은행나무가 살아남은 곳이 있다면 그곳이 중국일 것이라는 데는 학자들의 의견이 일치한다.

중국에서 가장 오래된 은행나무는 산동성 주지안시의 딘린시 절에 살고 있는 수령 약 3,000년 된 나무라고 보고되어 있다. 이 외에 2,000년 이상 된 은행나무가 2~3그루 더 있으며, 1,000년 이상 노거수는 약 100그루, 500년 이상인 것은 약 180그루 알려져 있다. 특히 후베이성에는 1,000년 수령인 고목 13그루와 500년 이상인 은행나무 30그루가 한 지역에 살고 있다. 전체적으로 중국에 자라고 있는 은행나무 노거수들은 모두 절 경내나 그 주변에 살고 있다. 그러므로 이들 노거수는 모두 사람이 심어 보호해온 것이 분명하다.

은행나무에 대한 중국의 옛 기록 중에 1,000년 이전 것은 매우 드물다. 알려진 기록에 의하면, 중국에서는 약 1,700~1,800년 전부터 양자강 남쪽에서 은행나무를 널리 키우고 있었다. 당시 중국인들은 은행 씨를 식용했으며, 송나라 때는 황제에게 공물로 보내기도 했다. 이후 은행나무는 차츰 중국 전역에서 기르게 되었다. 현재 은행나무가 자라는 위도는 북위 25~42도이다.

은행나무 잎을 현대의약으로 이용하기 시작한 이후, 특히 1990년대부터 중국에서는 매년 은행나무 농장을 확장해가고 있다. 장수성과 산동성에는 대규모 은행나무 농장이 많다. 이곳에서는 은행나무 씨만 아니라 건조한 잎을 대량 생산하고 있다.(제3장 참조)

🍃 은행나무 학술명칭의 내력

은행나무는 바늘잎이 아니지만 분류학적으로 소나무, 주목 등의 침엽수와 함께 '겉씨식물'(나자식물)로 분류된다. 또 은행나무는 가을에 낙엽이 지는 키가 크고 줄기가 굵은 나무이므로 '교목'(喬木 큰키나무)에 속한다.

은행나무를 영어로는 ginkgo 또는 maidenhair tree라 부른다. maidenhair tree라는 이름을 갖게 된 이유는, 은행나무의 잎 모양이 공작고사리(maidenhair-fern) 잎과 닮았기 때문이다. 300여 년 전까지만 해도 유럽이나 다른 나라에는 은행나무가 없었다. 그러므로 '깅코’라는 서양 이름은 식물학상 매우 늦게 작명된 것이다.

은행(銀杏)이라는 이름은 우리나라와 중국이 사용해온 명칭으로, 그 열매가 살구(杏 apricot)를 닮았고, 은백색이어서 은(銀)자를 붙인 것으로 알려져 있다. 중국에서는 은행 열매를 ‘yinguo(silver fruit), 또는 yinxing(silver apricot)라 부르고 있다. 수천 년 전부터 우리 곁에 자라온 은행나무는 여러 별칭을 가졌다. 그 중에는 잎 모양이 오리발을 닮았다 하여 ‘압각수’(鴨脚樹)라는 특이한 명칭도 있고, 씨를 심어 키우면 손자 때에 열매를 수확할 수 있다고 하여 공손수(公孫樹)라는 이름도 가졌다.

은행나무는 종(species)은 1종뿐이지만, 오늘날에는 전 세계에서 워낙 많은 수가 자라기 때문에 세계적으로 수십 가지 변형종(변종)이 보고되어 있다. 은행나무 변형종이란 씨의 크기와 모양, 가지의 모습, 잎 모양, 수형, 생장속도 등이 조금씩 다른 것들이다. 여러 변종 중에는 잎에 열매가 달리는 특이한 것(‘leafynut’, 일본에서는 ‘오하츠키’)도 알려져 있다.

은행나무의 학명은 스웨덴의 이름난 생물학자인 린네(Carl von Linne 1707~1778)가 1771년에 처음 작명했다. 학술명의 *biloba*는 라틴어인 *bis*(two)와 *loba*(lobed), 즉 ‘둘로 갈라짐’의 의미를 갖고 있다. 은행잎 중에는 두 쪽으로 갈라진 것이 흔하기 때문이다.

🌿 은행나무의 식물학적 분류

은행나무의 과명(Family name)인 *Ginkgo*는 약 300년 전 일본을 방문하여 이 나무를 처음 연구하게 된 독일의 자연과학자 잉겔버트 캠퍼(Engelbert Kaempfer 1651~1716)가 銀杏의 일본어 발음인 깅쿄(ginkyo)를 Ginkgo로 기록했던 결과라고 생각되고 있다. 캠퍼는 네덜란드의 동인도회사로부터 파견되어, 1690~1692까지 일본에서 지낸 독일의 의사였다. 그는 이곳에서 처음 만난 은행나무를 그의 저서 <*Amoenitatum Exoticarum*>(1712)에 기록했다.

일본에서는 한자 銀杏을 '이초' 또는 '긴난'이라고 주로 발음하고 있다. 은행나무의 학명이 된 킹쿄는 17세기에 나온 일부 일본 책에도 그렇게 기록되어 있다고 한다. 이초와 긴난이라는 일본어는 중국어에서 유래한 것으로 알려져 있다.

동양의 식물에 대한 정보가 거의 없었던 과거의 유럽 식물학자들은 은행나무가 화석으로만 존재하는 식물로 알고 있었다. 그러나 잉켈버트 캠프가 독일로 가져간 은행나무 씨는 1700년대 초에 유럽 몇 나라에 심어졌다. 유럽에서 생장한 초기의 은행나무는 모두 수나무였다. 유럽 최초의 암그루 가운데 최고령 나무는 1814년에 제네바에서 발견되었다.

동양이 아닌 나라에서 현재 수령이 가장 오래된 은행나무는 네덜란드의 호르투스(De Oude Hortus) 대학 식물원에 자라는 수령 약 260년(1730~1750)된 나무이다. 이 나무는 수나무였지만 1830년에 암나무 가지를 접붙여 암수 한 나무 상태로 생존하고 있다. 현재 이 나무는 웅장한 수세를 가지고 있으며, 원줄기와 더불어 뒷날 뿌리 부분에서 자라나온 2차 가지(secondary branch, 子木 제2장 참조)와 어우러져 싱그러운 '가족 은행나무'를 이루고 있다.

영국에서는 1754년에 런던의 고든 제임스 수목원에 은행나무를 처음 심었고, 1762년에는 큐식물원에서도 키우기 시작했다. 유럽으로 간 은행나무는 1800년대 말부터 1900년대 초에 걸쳐 아메리카 대륙을 포함하여 전 세계로 퍼져 정원수와 가로수로 심게 되었다. 유럽 여러 나라의 식물원에서는 수령이 300년도 안 된 은행나무이지만 매우 귀중하게 보호하고 있다.

식물학적으로 은행나무는 은행나무문(Ginkgophyta), 은행나무강(Ginkgospida), 은행나무목(Ginkgoales), 은행나무과(Ginkgaceae), 은행나무속(Ginkgo)으로 분류되며, 이 계통에 단 1종뿐인 식물이다.

은행나무 분류표

Kingdom	Plants(식물계)
Subkingdom	Vascular plant(유관속식물)
Superdivision	Spermatophyta(Seed plants, 종자식물)
Division Phylum	Ginkgophyta(은행나무문)
Class	Ginkgoopsida(은행나무강)
Order	Ginkgoales(은행나무목)
Family	Ginkgoaceae(은행나무과)
Genus	Ginkgo L.(은행나무속)

Ginkgoales의 유일한 생존 종 *Ginkgo biloba*(은행나무)

은행나무의 진화 과정

지구가 탄생한 때는 46억 년 전이었으며, 처음 10억 년 동안은 생명체가 전혀 생존할 수 없는 조건이었다. 지구 표면은 뜨겁고 암석 투성이였으며, 대기(大氣)는 유독한 기체로 가득한데다 태양열은 너무나 강열했다. 그러나 10억여 년 동안 끊임없이 비가 쏟아지면서 지각(地殼)은 차츰 냉각되어 갔고, 빗물은 육지의 광물질을 끊임없이 녹여 바다에 축적했다.

당시에는 '번개'라는 자연현상이 극심하게 발생했고, 그 결과 바닷물에는 단백질이나 핵산과 같은 유기물이 대량 생겨나게 되었다. 유기물이 가득한 바다에 최초의 단세포 미생물이 탄생했다. 과학자들은 그때가 약 38억 년 전이라고 생각한다. 이때로부터 최초의 식물체가 탄생하기까지는 30억년 이상의 시간이 더 걸렸다. 광합성을 하는 최초의 원시식물은 약 5~6억 년 전에 처음으로 태어났다. 이때로부터 오늘의 고등식물이 진화되어 나오기까지의 역사를 간단히 돌아본다.

캄브리아기 : 단세포 미생물이 살던 바다에 광합성을 할 수 있는 단세포의 원시 식물체가 처음 나타났다. 이때의 단세포 생물은 하나가 둘로 쪼개지는 방법으로 증식했다.

오르도비스기 : 육지에 원시적인 식물이 살기 시작했다. 그때의 식물은 지금의 조류(藻類 algae)와 이끼류 같은 것들이다. 차츰 지상에는 선태류(蘚苔類)라는 하등식물이 진화되어 나왔다. 조류와 선태류는 지금도 지구상에 번성하고 있다. 바다와 호수의 물에 사는 조류는 현재 약 2만 5,000종이 알려져 있으며, 그 중에는 세포 1개로 이루어진 것에서부터 미역보다 더 길고, 하루에 30cm나 자라는 갈조류까지 있다. 이런 조류는 광합성을 하지만, 뿌리와 줄기와 잎이 명확히

강원도 태백시의 석탄박물관에 전시된 나무고사리의 일종인 오돈토프테리스의 잎 화석이다. 태백산 일대의 석탄광에서는 이 시대의 종자고사리와 기타 하등식물의 화석이 발견된다. 그러나 전문적인 발굴과 연구는 미진하다.

구분되지 않는 미분화된 하등식물이다.

석탄기와 페름기 : 쇠뜨기와 고사리, 코르다이테스(cordaites) 무리가 탄생했다. 이때의 식물 가운데 고사리류는 지금의 고사리와는 구조적으로 매우 달랐다. 당시의 고사리류는 홀씨가 아니라 씨를 만들었기 때문에 종자고사리(seed fern)라 부른다. 종자고사리는 나무처럼 컸으나 도중에 지구 환경의 큰 변화 때문에 모두 소멸해버리고 지금은 화석으로만 관찰할 수 있다. 코르다이테스 역시 이 시대에만 살다가 소멸한 화석식물이다.

이 시기의 식물들은 3억 년 동안 대륙에서 무성한 숲을 형성했으며, 큰 지각변동이 일어날 때마다 그들은 지하에 묻혀 오늘의 석탄이 되었다. 우리는 그들이 번성하던 시대를 '석탄기'라 부른다. 이 시대에는 대형 양서류와 잠자리들이 살고 있었다.

페름기 : 종자고사리와 함께 이 책의 주인공인 씨를 맺는 은행나무가 진화되어 나왔으며, 이때는 공룡의 선조인 파충류가 태어나 살고 있었다.

트라이아스기 : 식물원의 온실이나 정원에서 사랑받고 있는 소철류가 무성하게 자랐다. 그러나 이 시기에 코르다이테스는 사라졌고, 이즈음 육식성 공룡이 나타났다.

주라기 : 여러 종류의 침엽수가 나타났으며, 긴 목을 가진 공룡이라든가 날개를 가진 공룡이 살았다.

백악기 : 이때에 이르러 꽃을 피워 씨를 맺는 현화식물이 진화되어 나왔다. 당시 침엽수와 현화식물이 무성하게 자라 지표면을 덮게 되자, 대기 중에는 산소가 풍부해졌다. 이 시기에는 뿔을 가진 대형 공룡과 온갖 파충류가 번성할 수 있었다.

팔레오세 : 공룡과 함께 살던 당시의 많은 동물들이 지구상에서 사라지는 대사건이 일어났다. 이때 중요한 식물 종류도 대부분 소멸했다. 다행하게도 은행나무만은 살아남았다. 이후부터는 현화식물이 번성하게 되었고, 작은 포유동물이 생겨나기 시작했다. 현재 우리 곁에서 키 높이 자라는 소나무, 전나무, 주목, 편백나무, 낙우송(메타세코이아) 등의 침엽수는 공룡 소멸 사건이 일어난 후인 약 5,000만 년 전부터 크게 번성하게 되었다.

지질시대 연표

시대	기간	지질시대(epoch)	기간
Cenozoic 신생대	Quaternary (제4기)	Holocene 홀로세 Pleistocene 플라이스토세	110,000년 전 이후 259만년-
	Tertiary (제3기)	Pliocene 플리오세 Miocene 마이오세 Oligocene 올리고세 Eocene 에오세 Paleocene 팔레오세	533만년- 2,300만년- 3,390만년- 5,580만년- 6,550만년-
Mesozoic 중생대	Cretaceous 백악기 Jurassic 주라기 Triassic 트라이아스기		1억 4,550만년- 1억 9,960만년- 2억 5,100만년-
Palaeozoic 고생대	Permian 페름기 Carboniferous 석탄기 Devonian 데본기 Silurian 실루리아기 Ordovician 오르도비스기 Cambrian 캄브리아기		2억 9,900만년- 3억 5,920만년- 4억 1,600만년- 4억 4,370만년- 4억 8,830만년- 5억 4,200만년-
Precambrian	선캄브리아기		46억년-

* 위의 도표는 지질시대 역사를 간단히 나타낸 것이며, 학자에 따라 연대에 차이가 다소 있다.

앞에서 말했지만, 은행나무는 2억 7,000만 년 전 페름기에 나타나 주라기에는 공룡과 함께 번성하고 있었다. 당시는 지구의 대륙 모양이라든가 기후가 지금과 같지 않았으며, 동식물도 전혀 다른 종류들이 살고 있었다. 육상은 고사리류와 쇠뜨기, 석송, 솔잎고사리와 같은 하등식물로 덮여 있었다. 이들 식물은 모두 현미경으로 겨우 볼 수 있는 매우 작은 홀씨(胞子 spore)를 무수히 만들어 바람에 날리는 방법으로 번식하는 것들이다. 이들은 공룡이 생겨나기 이전 약 3억 년 전부터 무성했다. 당시의 원시식물은 도중에 대부분 소멸해버렸지만, 쇠뜨기나 솔잎고사리류는 지금도 잘 살고 있다.

약 1억 5,000만 년 전 주라기에는 공룡이 살았으며, 이때는 종자고사리와 침엽수, 야자수처럼 생긴 소철류가 지상을 지배

식물학자 린네(Linnaeus)가 1735년에 네덜란드의 호르투스(De Hortus)에 심은 수령이 300년에 가까운 은행나무가 건물 뒤에 보인다.

쇠뜨기의 홀씨주머니 모습이다. 쇠뜨기 역시 고생대로부터 지금까지 살아온 식물이기 때문에 '살아있는 화석식물'의 하나이다.

고생대에 번성하던 솔잎고사리(whisk fern). 이 고사리 역시 열대와 아열대지방에 사는 살아있는 화석식물이다.

가로 6cm, 세로 7cm의 이 은행나무 석화목은 애리조나 주 드첼리 캐년에서 발견된 것이다. 은행나무는 세포벽의 분해를 방지하는 물질이 부족하여 화석으로 남기 어렵게 되었다.

광릉 국립수목원에 전시된 *Ginkgo huttoni*의 화석. 영국 북 요크셔 스칼비에서 발견된 주라기 중기의 은행나무이다.

▶ 강원도 태백시의 석탄박물관에 전시된 *G. huttoni*의 화석이다.

캐나다의 브리티시컬럼비아 카체크릭에서 발견된 에오세의 *Ginkgo dissecta*의 잎 화석이다.

미국 오리건 주에서 발견된 주라기 후기의 은행나무 잎 화석이며, 워싱턴 자연사박물관에 소장되어 있다.

하고 있었다. 특히 이 시기에는 19과(family)로 분류되는 수십 종의 은행나무가 아시아와 유럽 및 북미 대륙에서 자라고 있었다. 그들이 가장 번성했던 백악기에는 *G. digitata, G. huttoni, G. yimaensis, G. coriana, G. adiantoides, G. tigrensis, G. apodes, G. gardneri* 등이 살았다. 이때의 은행나무 화석 중에 큰 것은 지름이 4m에 이르고 수고가 60m 이상인 것도 있었다.

그러나 은행나무들은 점점 멸종되어 갔다. 5,500만 년 전쯤에는 *G. adiantoides, G. jiayinensis,* 그리고 *G. gardneri* 등만 살아 있었다. 그러다가 약 700만 년 전에 이르러 이들은 북미대륙에서 먼저 사라졌고, 250만 년 전에 이르러서는 유라시아대륙에서도 거의 소멸했다. 은행나무가 쇠퇴해간 이유는 확실히 알지 못하고 있으나 다음 몇 가지가 거론되고 있다.

1) 지구의 기온이 내려가고, 여름철이 너무 건조해졌을 것이다.
2) 새로 등장한 피자식물들이 은행나무와 함께 동일한 위도(緯度)와 환경에 살면서 지상을 지배한 탓에 생존이 불리했을 것이다.
3) 은행나무 씨를 먹고 퍼뜨려주던 공룡이라든가 다른 동물들이 사라진 것과 관계가 있을 것이다.

많은 연구자들은 초식성 공룡이 가장 많이 먹던 식량이 바로 은행나무 잎이었을 것이라고 생각한다. 캐나다의 앨버타에서 발견된 공룡 화석 터에서는 은행나무 잎과 종자, 그리고 꽃가루 주머니와 꽃가루가 함께 발견되어 정밀 조사가 한동안 이루어졌다. 은행나무의 석화목(石化木)은 드물게 발견되지만, 잎 화석은 많이 발견되고 있다. 석화목이 귀하게 된 것은 은행나무 재질이 부드러운데다 은행나무 줄기를 이루는 세포벽이 미생물에 의해 쉽게 분해되었기 때문이라 생각하고 있다.

은행나무 화석은 중생대의 것이 가장 다양하게 발견된다. 중국 난징 지질고생태학 연구소의 조우(Zhiyan Zhou)는 전 세계 중생대 화석에서 발견된 은행나무류(Order Ginkgoales)를 아래와 같이 정리하고 있다. 은행나무의 분류는 학자에 따라 다르기도 하고, 보존 상태가 명확하지 않은 화석들이 있어 어려움이 많다.

	학명	화석 연대	발견 장소
1	*Ginkgo yimianensis*	주라기 중기	중국
2	*Ginkgo insolita*	주라기 중기	시베리아 서부
3	*Ginkgo longifolium*	주라기 전기 및 중기	영국
4	*Ginkgo dahllii*	주라기 중기	노르웨이
5	*Ginkgoites jampolensis*	주라기 후기	러시아
6	*Yimaia hallei*	주라기 중기	중국
7	*Baiera polymorpha*	백악기 전기	러시아
8	*Baiera manchurica*	주라기 후기, 백악기 전기	러시아
9	*Karkenia incurva*	백악기 전기	아르헨티나
10	*Karkenia asiatica*	백악기 후기	러시아
11	*Karkenia hauptmannii*	주라기 전기	독일
12	*Sphenobaiera boeggildiana*	주라기 전기	그린란드
13	*Sphenobaiera gyron*	주라기 중기	영국
14	*Sphenobaiera nipponica*	주라기 전기	일본
15	*Grenana angrenica*	주라기 중기	중앙아시아
16	*Ginkgo biloba*	백악기 이후	중국

5,500만년 전 팔레오세까지 살아있었던 *Ginkgo adiantoides*의 화석이다. 이 화석은 스코틀랜드에서 발견된 것이다. 현재의 은행잎과 구별이 안 될 정도로 닮았다.

은행나무 화석과 진화에 대한 논문이 끊임없이 나오고 있는 것은, 은행나무가 식물의 진화 연구에 얼마나 중요한지 말해준다. 은행나무의 화석은 잎이 대부분이고, 열매라든가 목재, 암수꽃, 꽃가루 등은 귀하다. 은행나무의 꽃가루 화석은 중요한 연구 대상이지만, 광학 현미경으로 보아서는 소철의 꽃가루와 비슷하게 생겨 별

광릉 국립수목원에 전시되어 있는 *G. spenobaiera*의 화석이다. 중생대에 살았던 이 은행나무는 은행나무의 선조로 보인다. 이 화석은 대전 근처 지층에서 발굴된 것이다.

로 도움이 되지 않았다. 그러나 전자현미경으로 관찰할 수 있게 되자 많은 차이를 발견하게 되었다.(제6장 참조)

은행나무의 초기 조상이었다고 생각되는 페름기의 화석식물인 트리코피티스(*Trichopitys heteromorpha Saporta*)는 프랑스 남부에서 발견되었다. 이 화석식물을 조사한 플로린(Florin, 1948)은 이것이 은행나무의 선조일 것이라고 주장했다. 그러나 메이엔(Meyen, 1987) 등의 학자는 디크라노필룸(*Dicranophyllum*)이라는 양치식물, 또는 종자식물의 조상으로 보이는 화석식물(*polyspermorphyum*이나 *Dicranophyllum*)에 더 가까운 종류라고 주장하기도 한다. 또 페름기의 은행나무 선조로 보이는 화석 중에 스페노바이에라(*Sphenobaiera*)라 불리는 것이 있다. 그러나 이 화석의 잎에는 지금의 은행나무 잎과 달리 잎자루(葉柄)가 없다.

은행나무의 조상이 어떤 식물이었는지에 대해 논란은 계속되고 있다. 어떻든 은행나무 종류는 중생대 트라이아스기를 거쳐 주라기에 들면서 매우 다양하게 진화했다. 어떤 학자는 당시의 은행나무 종류를 70여 가지나 분류할 정도이다.

중생대에는 여러 종류의 은행나무가 북반구와 남반구 전역에 번성하고 있었으며, 특히 주라기로부터 백악기 초기까지는 그들의 전성기였다. 중국, 한반도, 일본, 사할린, 캄차카반도 일대에서는 여러 종류의 은행나무 화석이 발견되고 있다. 오늘날 우리 곁에 자라는 *G. biloba*의 화석은 1억 9,000만 년 전인 주라기 초기 때의 것부터 발견된다. 그리고 이들은 주라기 중기에서 백악기 동안에는 북반구의 고위도까지 분포하고 있었다.

동아시아에서 발견되는 백악기의 은행나무 화석은 5~6종인데, 팔레오세 이후로는 1종만 발견된다. 팔레오세는 공룡이 소멸된 바로 뒤 시대이다. 그리고 그 다음 올리고세는 지구 기온이 냉각된 때로서, 기온 저하 때문에 북극 가까운 고위도까지 자라던 은행나무 분포는 남하하게 되었고, 이때 이후 화석 양은 크게 줄어버렸다.

약 500만 년 전인 플리오세 초기에만 해도 유럽대륙에는 *G.*

*adiantoides*가 많이 살았으나, 약 250만 년 전인 플라이스토세에 이르자 유럽 땅에서 이 종류마저 아주 사라졌다. 유럽 대륙에서 플라이스토세 이후의 은행나무 화석은 전혀 발견되지 않으므로, 과학자들은 이때 이 지역의 은행나무가 완전히 멸종했다고 생각한다.

우에무라(Uemura, 1997)는 일본에서 발견된 플리오세와 플라이스토세의 화석을 보고했으며, 중국에서는 그 이전인 에오세의 화석 발견을 보고하고 있다. 은행나무의 화석과 진화를 연구하는 학자들은 2가지 큰 의문을 갖는다.

"중국대륙에서는   어떻게 은행나무가 살아남을 수 있었을까?"

"여러 은행나무 종류 중에 왜 *G. biloba*만 생존해올 수 있었을까?"

독일 훔볼트대학 자연사박물관에 전시된 페름기의 스페노바이에라(*G. Sphenobaiera*) 화석이다.

은행나무와 가까운 특이한 현존 식물

약 3억 6,000만 년 전인 데본기 이전에는 고사리나 쇠뜨기처럼 포자(홀씨 spore)로 번식하는 식물이 지구를 덮고 있었다. 이런 식물 무리를 홀씨식물 또는 포자식물이라 부른다. 또한 이 시기에 씨로 번식하는 식물(종자식물)이 처음 나타났다. 포자에 의한 번식은 훌륭한 증식방법이기 때문에 지금도 많은 종류의 포자식물이 번성하고 있다. 바람에 날아간 포자가 적당한 환경에 떨어져 발아하면, 이끼처럼 생긴 작은 식물체(배우체 配偶體)가 생겨나고, 이 배우체 내에서 정자와 난자가 만들어져 수정이 이루어지면, 새로운 포자식물을 만들게 된다.

이러한 포자식물로부터 한 단계 진화된 종자식물이 탄생한 것은 놀라운 변화였다. 포자는 분화되지 않은 매우 단순하게 생긴 세포로서, 내부를 보호하는 막으로 둘러싸여 있다. 포자는 지극히 작고 가볍기 때문에 쉽게 바람에 날리거나 물에 실려 운반된다. 이런 포자는 환경이 적당한 곳에 놓여야만 발아하여 생존할 수 있고, 그렇지 못하면 죽는다.

반면에 종자식물의 씨 속에는 분화가 상당히 진행된 배(胚 embnyo)가 생겨 있다. 또한 씨는 발아할 때 필요한 영양분을 배젖(배유 胚乳)이나 떡잎에 저장하고 있다. 종자(씨)는 매우 튼튼한 종피(種皮)로 포장되어 있으므로, 환경이 나쁜 곳에 떨어지더라도 금방 죽지 않고 장기간 견딜 수 있다. 그리고 배젖(또는 떡잎)을 가진 씨는 발아했을 때 외부로부터 영양을 공급받지 않아도 몇 주일 동안 뿌리와 잎을 키워내면서 살 수 있다.

종자식물이라 부르는 무리는 꽃가루(화분花粉)를 만든다. 꽃가루는 단세포이며, 튼튼한 외피로 둘러싸여 있다. 꽃가루는 바람이나 곤충, 물 등에 의해 암꽃으로 운반되고, 암술머리에서 발아한 다음 씨방(자방 ovary) 속에 있는 밑씨(배주胚珠)의 난세포와 수정하여 씨를 만들게 된다.

지구 역사상 여러 가지 종자식물이 탄생했지만 많은 종류는 화석으로만 남고 사라졌다. 현재 지구에서 번성하고 있는 초기 종자식물은 크게 나누어 5가지 무리, 즉 1)침엽수, 2)현화식물(懸花植物 꽃식물), 3)은행나무류, 4)소철류(Cycads), 5)그네탈레스류(Gnetales)로 구분할 수 있다. 이 가운데 침엽수는 지상에 자라는 모든 나무의 99%를 차지한다. 진화적인 면에서 은행나무와 가장 가깝다고 생각되는 두 가지 식물 무리를 소개한다. 이들은 친척이긴 하지만 그들 사이에는 큰 차이점이 있다.

오늘날 소철류는 매우 중요한 상록의 관상식물이다. 그 잎은 꽃꽂이 등에 귀하게 쓰인다. 이 종류는 은행나무처럼 암수 그루가 다르며 정자에 의해 수정이 이루어진다.

현존하는 5가지 종자식물 무리 가운데 가장 먼저 나타난 것은 소철류(Cycads, Cycadales)이다. 소철은 굵은 원줄기(trunk)만 있고 가지가 없으며, 줄기 꼭대기에 새의 깃털처럼 생긴 녹색의 더벅머리 같은 잎을 아름답게 펼치고 있다. 소철류는 열대와

소철 수나무

소철 암나무

중생대에 공룡과 함께 번성했던 소철은 은행나무처럼 암수 그루가 다른 자웅이주 식물이다.

33

그에 가까운 온대지역에서 자라며, 수형이 아름답기 때문에 관상수와 가로수로 키우고 있다. 이들이 가장 많이 사는 곳은 호주와 남아프리카, 멕시코, 중국, 베트남 등지이다.

소철은 야자나무(종려나무 palm tree)와 혼돈하기 쉽다. 소철류의 선조가 지구상에 처음 나타난 시기는 은행나무와 같은 약 2억 8,000만 년 전(페름기 초기)이었으며, 이 시기에 공룡의 조상도 나타났다. 이후 소철류는 공룡과 함께 지구의 주인이 되었다. 그래서 당시를 '소철과 공룡의 시대'라 부르기도 한다. 지구의 역사 속에서 공룡과 함께 대부분의 소철 종류는 사라졌지만, 약 150여종은 현재까지 살아남았다. 하지만 그 종류가 차츰 줄어들고 있어 유엔자원보존위원회((IUCN)에서는 소철을 보호식물로 정하고 있다.

소철의 구조는 줄기와 가지를 가진 일반 나무들과는 매우 다르다. 소철은 성장속도가 아주 느린 기둥 같은 줄기를 가졌으며, 종류에 따라 키는 1~15m까지 자란다. 소철류는 암수 그루가 다르며(자웅이주), 그 씨는 둥글고 크다. 어떤 종의 씨는 땅콩 크기이고, 어떤 것은 거위 알 정도로 크기도 하다.

소철류의 꽃 역할을 하는 생식기관을 스트로빌루스(strobilus, 복수는 strobili)라 하며, 암나무의 스트로빌루스는 밑씨를 가졌고, 수나무의 스트로빌루스는 꽃가루를 만든다. 꽃 대역을 하는 암수 스트로빌루스는 매우 크다. 소철류는 곤충에 의해 수정이 주로 이루어지며, 그 씨(열매)를 사방 흩어주는 것은 대개 그 열매를 먹는 원숭이와 작은 동물이다. 진화상 곤충이 꽃가루받이(受粉)를 처음 시작했던 나무는 소철류였으리라 생각되고 있다. 소철류의 꽃가루는 매우 특이하다. 소철도 은행나무처럼 꽃가루에서 정자(精子)가 만들어지는데, 이 정자는 여러 개의 꼬리를 가졌다.

* 사막식물 그네태일(Gnetales)의 특징

두 번째로 신비한 종자식물은 그네태일이다. 이 식물은 현재 3속(genera) 7종이 남아있다. 이들 7종은 특징이 각기 너무 다르기 때문

웰위치아는 발아하여 처음 나온 떡잎 2장만 끊임 없이 성장한다.

웰위치아의 잎은 계속 자라며, 너무 길어지면 끝이 갈라져 너덜너덜한 모습이 되어 산다.

에 전문가가 아니면 서로 친척 식물이라는 것을 알지 못할 정도이다. 대표적인 것이 웰위치아(Welwitschia)라는 식물이다. 이 나무는 앙골라와 나미비아가 위치하는 아프리카 해안의 극도로 건조한 사막지대에 자란다. 이 식물의 원줄기는 대부분 모래에 파묻혀 있으며, 잎만 지상에 드러나 있다.

잘 자란 웰위치아의 원줄기는 굵고 아주 짧으며, 뿌리는 직근(直根)이다. 수명이 매우 길어 현재 수령이 2,000년 이상인 것도 있을 정도인데, 장수한 나무들은 대개 국가로부터 특별한 보호를 받고 있다. 이 식물은 싹이 트면 2개의 떡잎이 나오는데, 이 떡잎은 언제까지나 떨어지지 않고 생장을 계속한다. 그리고 두 장의 떡잎 외에는 다른 잎이 나오지 않는다. 이 떡잎이 길이 2∼4m 이상 자라면, 잎이 갈라져 너덜너덜한 상태로 자란다. 이 잎은 밤에 맺히는 이슬을

흡수하는 방법으로 사막에서도 살 수 있다. 그네테일 역시 은행나무나 소철처럼 암수 나무가 따로 자라는 자웅이주 식물이며, 씨도 잘 맺고, 그 씨는 쉽게 발아한다.

웰위치아는 많은 씨를 맺으며 발아를 잘 한다. 세계의 여러 식물원에서 기르고 있다.

🌿 은행나무의 유전적 다양성

은행나무의 염색체는 12쌍 24개이다. 은행나무의 성염색체는 어느 것인지 아직 확인되지 않고 있다. 그러나 은행나무 씨를 심었을 때 암나무와 수나무가 나타나는 확률은 1 : 1이다. 은행나무는 파종한 후 결실을 시작하기까지 15∼20년이 걸린다. 암꽃이나 수꽃이 피기 전의 은행나무는 모양만으로 암수 나무를 구별할 수 없다. 일반적으로 수나무는 다소 홀쭉한 형태로 높이 자라고, 암나무는 수관 폭이 다소 넓다고 말하기도 하지만 분명치 않다. 그러나 열매를 맺기 시작하면서부터 암수 나무는 멀리서도 구별이 된다. 암나무는 가지에 무수히 많은 열매(종실 種實)가 달리기 때문에, 그 무게를 못이겨 상당히 굵은 옆가지들이 아래로 늘어진 모습을 가지게 된다.

은행나무가 가장 번성했던 주라기에는 적어도 12종 이상이 살고 있었다. 그러나 마지막 빙하기를 거치면서 은행나무는 세계의 대륙에서 멸종하고 오직 중국 대륙 따뜻한 남부에만 1종이 남게 되었다. 이곳의 은행나무는 약 1.000년 전에 우리나라와 일본에 불교와 함께 전해졌다. 불교가 한국을 통해 일본으로 건너간 것을 생각하면, 은행나무도 한국으로부터 갔을 것이라고 생각된다. 그러나 일본의 학자 중에는 중국의 은행나무가 직접 일본으로 전해졌다고 생각하고 있다.

일본 쿠키자키에 있는 생물자원 연구소의 츠무라(Tsumura) 등은 일본 전역의 절에서 자라고 있는 은행나무 노거수 98그루가 단일 품종(변종)인지, 아니면 다른 품종이 지역에 따라 다르게 분포하고 있는지 조사했다. 그들은 실험 방법으로 98그루의 씨 속에 포함된 효소를 정밀 분석하는 방법(isozyme analysis)으로 각 지역 은행나무의 유전적인 차이를 비교하는 연구를 1987~1992년에 실시했다.

은행나무는 넓은 중국대륙에서 장기간에 걸쳐 육성되는 동안 지역에 따라 유전적 변이가 생겼을 가능성이 있다. 그렇다면 일본에 도입된 은행나무 역시 건너온 지역에 따라 유전적인 차이가 있을 수 있기 때문이다. 이 실험을 위해 그들은 일본 전국을 크게 5개 지역 즉 1)북칸토, 2)칸사이, 3)북큐슈, 4)시코쿠, 5)남큐슈로 나누어 비교했다.

그들은 각 채집지에서 가져온 씨의 종피를 벗기고, 내부의 배젖에 포함된 12종의 효소를 분석했다. 복잡한 분석 과정을 거쳐, 북칸토 지역의 은행나무만이 다른 4곳의 은행나무와 유전적인 차이가 보이며, 4곳의 은행나무들은 서로 비슷한 상태라고 보고했다. 이 논문을 통해 연구자들은 일본의 은행나무는 중국으로부터 여러 차례에 걸쳐 씨가 도입된 것이라고 했다.

우리나라에 사는 은행나무에 대한 유전적인 조사는 이루어지지 않았다. 그러나 다수의 품종들은 알려져 있다. 잘 조사한다면 유전적 차이를 가진 은행나무들이 발견될 것으로 생각된다.

은행나무가 도입된 시기에 대해 역사적인 의문들이 있다. 우리나라에 불교가 처음 도입된 공식적인 기록은 소수림왕 때인 372년으로 알려져 있다. 일본의 불교는 6세기(552년)에 백제로부터 처음 전해졌다고 한다. 이를 보면 우리나라로부터 일본으로 불교가 전해지기까지는 180년의 시차가 있다. 은행나무는 일본에도 불교문화와 함께 처음 건너갔을 것이다. 문헌상 은행나무가 일본에 도입된 역사는 1,000년 정도이지만, 일본의 어떤 지역에는 1,600년이나 되는 전설을 가진 은행나무가 살고 있다. 이런 경우 그 전설은 믿기 어려울 것이다.

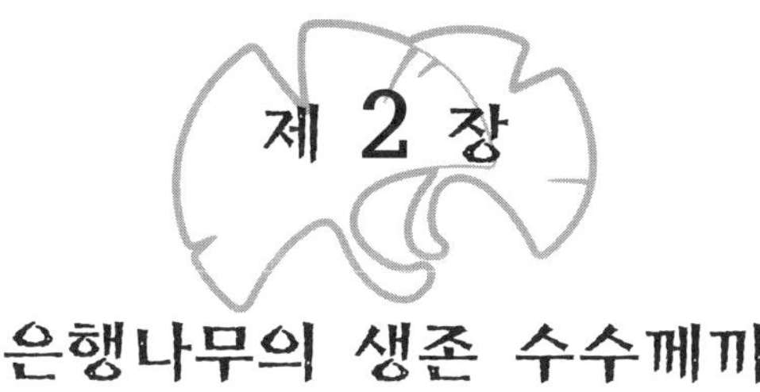

제 2 장
은행나무의 생존 수수께끼

"은행나무만이 지질시대를 건너 생존할 수 있었던 이유가 무엇인가?"

"많은 은행나무 종들은 공룡이 사라진 후 왜 멸종되기 시작했을까?"

"오늘의 은행나무는 왜 인간이 보호해야만 생존할 수 있는가?"

은행나무에 대한 위의 3가지 의문은 식물의 진화와 생존에 대한 큰 수수께끼이다.

지질시대를 살아온 수수께끼

첫 번째 의문에 대한 답은 여러 가지로 추측할 수 있다. 현재 생존한 은행나무 노거수들을 살펴보면, 모두 줄기 속이 부패해버려 커다란 동공 상태로 있으며, 원줄기와 큰 가지들은 강풍에 부러지거나 아니면 벼락을 맞아 떨어져 나가고 없는 것이 대부분이다. 거목이 되었을 때, 원줄기에 동공이 생기면 강풍이 불지 않더라도 지상부의 무성한 가지와 잎의 무게를 지탱하기 어렵게 된다. 또 내부가 부패하여 줄기의 가장자리 일부만 남으면 뿌리로부터 위로 올라가는 수분과 영양의 수송이 어렵다. 은행나무는 이런 경우에도 살아남을 수 있는 방법을 긴 생존의 역사 속에서 진화시킨듯하다. 은행나무가 지질시대를 건너 인간과 함께 생존할 수 있었던 이유들을 몇 가지 추측해보고자 한다.

* 깊고 넓게 뻗는 뿌리

우선 은행나무는 심근성(深根性)이어서, 다른 종류의 나무들보다 가지와 잎이 무성하고, 엄청난 수세(樹勢)로 큰 공간을 차지한다. 이런 나무가 강풍을 만나면 피해를 입지 않고 견디기 어렵다. 일반적으로 강한 태풍이 불고나면 많은 거목들이 뿌리째 넘어지는 것을 볼 수 있다. 또 줄기 속이 빈 거목들은 대부분 그 부분이 약하여 꺾어진다.

은행나무 재질은 다른 나무에 비해 약하다. 그러므로 강풍이 불거나 적설이 쌓이면 줄기나 가지가 부러지는 일이 허다하다. 그러나 그들은 바람 때문에 뿌리째 쓰러지는 경우는 거의 없다. 이것은 은행나무 뿌리가 심근성이면서 옆으로도 멀리까지 뻗어 있기 때문일 것이다. 은행나무의 심근성은 지질시대의 대지진이라든가 지각이 틀어지는 단층현상(斷層現狀)이 발생했을 때도 생존에 유리했을 것이다.

* 화재와 원자폭탄을 견딘 나무

은행나무는 불에 강한 방화목으로 유명하다. 수령 1,100년의 용문사 은행나무는 1907년에 화재를 입었다. 이곳 용문사가 독립운동의 거점이 되고 있어 일본이 고의로 불을 질렀다고 한다. 이때도 은행나무는 무사했다. 1923년 일본 도쿄에 대지진이 발생하여 사방에서 화재가 발생했을 때, 다른 나무들은 화재 때문에 모두 죽었으나 은행나무들은 살아남았다. 이때 은행나무로 둘러싸인 한 신사(神祀)는 화재까지 피할 수 있었다.

원주 반계리 은행나무 아래에 낙엽이 가득 쌓여 있다. 은행 낙엽은 불이 잘 붙지도 않고 쉽게 타지도 않는다. 낙엽을 쓸어내지 않는다면 거름이 될 것이다.

뿐만 아니라 제2차 세계대전이 종전되기 직전인 1945년 8월 6일, 일본 히로시마에 원자폭탄이 투하되었을 당시, 폭발지점으로부터 1~2km 거리 내에 6그루의 큰 은행나무가 자라고 있었다. 이들은 1650~1850년 사이에 심은 것이었다. 역사상 최초의 원자폭탄이 폭발했을 때, 근처의 다른 식물과 동물은 모두 죽었으나 은행나무만은 까맣게 그을렸다가 다시 움이 나오기 시작하여 지금까지 생장하고 있다. 이는 은행나무가 열기(熱氣)만 아니라 강력한 방사선에 대해서도 잘 견딘다는 사실을 증명하는 대표적인 사건이다. 당시에 살아남은 은행나무는 일본인들에게 '불굴'을 상징하는 나무가 되었으며, 오늘날에도 관광객들에게 인기가 높다.

　원자폭탄 속에서 살아난 은행나무 가운데 '호센보' 절에 자라던

원자폭탄의 열과 방사선을 이기고 살아남은 히로시마 호센보 절 앞의 은행나무이다.

것은 원자폭탄 폭심으로부터 1km 거리에 있었다. 원자폭탄이 터지자 절 건물은 순식간에 없어져 버렸고, 당시 수령 약 150년이던 은행나무는 죽은 듯이 까맣게 되어 있었다. 그러나 이 나무에서 새로 움이 트더니 가지가 나오고 잎이 피어났다. 전후(戰後), 이 절에서는 불타 버린 건물을 새로 건축하기로 했다. 그러나 절터는 비좁고, 은행나무는 건물 바로 앞에 있어 증축하려면 옮겨 심어야 할 형편이었다.

나무를 뽑아 없애자는 의견도 있었지만, 많은 사람들이 원자폭탄의 재앙을 목격한 은행나무를 반드시 살려야 하고, 이식하면 죽을 위험이 크다고 하여, 오히려 건물 디자인을 바꾸기로 결정했다. 현재 호센보 절 정면 오른쪽에 서 있는 은행나무 좌우에는 돌계단이 U자형으로 싸고 있으며, 은행나무는 평화를 기원하는 상징물이 되어 있다.

은행나무는 줄기만 아니라, 그 잎까지 불이 잘 붙지도 않고 타지도 않는, 착염성(着炎性)과 인화성(引火性)이 적은 성질을 가졌다. 그들의 뛰어난 내화성(耐火性)은 긴 지질시대 동안 수시로 일어났던 화산 폭발이라든가, 산림화재, 벼락 등으로부터 생존할 수 있는 매우 중요한 조건이었을 것이다. 거목이 된 은행나무가 인간과 함께

살아오면서도 장수할 수 있었던 이유의 하나에 내화성이 포함되어
야 할 것이다.

* 혹한과 폭설에 강한 나무

은행나무는 영하 30도 이하의 혹한이 장기간 계속되는 지역에서
도 잘 자라고 있다. 강원도 삼척시 도계읍 늑구리와 평창군 미탄면
수청리에 사는 두 은행나무는 고산 언덕에서 강풍을 맞으며 혹한과
폭설을 견디고 1,000년 가까이 생존해오고 있다. 이 지역은 11월 초
부터 다음해 4월 중순까지 눈으로 덮여 있기도 한다.

* 대가족이 어울려 사는 나무

은행나무를 자연 그대로 두면, 뿌리와 줄기 주변에서 끊임없이 잔
가지가 무수하게 움터 나와 수림(樹林)처럼 되는 것을 볼 수 있다.
은행나무가 거목이 되어 큰 그늘을 만들게 되면, 뿌리 부근의 맹아
에서 자란 어린 줄기들은 햇빛을 보지 못해 대부분 생장하지 못한
다. 그러나 개중에는 높이 자라는데 성공하여 '아들나무'(자목 子木 secondary branch)가 되기도 하고, 이 상태가 더욱 진전되어 '손자나무'(손자목 孫子木)를 키워내기도 한다.

장수하는 은행나무들은 거의가 이런 '아들나무'와 '손자나무'가 어울려 하나의 무더기 나무인 것처

은행나무 중에는 뿌리에서 수십 개의 맹아가 나와
어린 줄기 덤불을 이루며 자라는 것을 흔히 볼 수
있다. 대개 이런 맹아들은 가로수를 관리하는 사람들
이 모두 잘라버리기 때문에 덤불을 이루고 자라는 것
은 찾기 어렵다.

럼 자라고 있다. 용문사 은행나무를 비롯하여 500년 이상의 수령을 가진 나무들은 거의 모두가 그러하다. 만일 은행나무 고목들이 아들나무와 손자나무가 어울려 한 나무처럼 되지 않았더라면 1,000년을 살 수 있는 은행나무는 아마 한 그루도 없었을지 모른다.

늑구리 은행나무의 윗부분 사진이다. 원줄기는 부러지고 없으며, 주변은 아들나무와 손자나무가 둘러싸고 있다.

아들나무와 손자나무가 어울려있는 늑구리 은행나무의 아래 부분 모습이다.

삼척시 도계읍 늑구리에 있는 추정 수령 1,500년(강원도 보호수, 일명 '늑구리 은행나무')된 노거수는 오지에 있어 사람들이 잘 찾지 못한다. 석회암 동굴로 유명한 환선굴이 있는 오십천 상류 골짜기의 고지 언덕에 서 있는 이 은행나무는 암그루이며, 태백산맥을 넘어 몰아치는 혹한과 강풍을 견디며 살아왔다. 이 노거수의 원줄기는 속이 크게 비어 있어 시멘트로 채워 놓았고, 옆으로 드리워진 8개의 큰 가지들은 각각 쇠기둥들이 받치고 있다.

이 은행나무 남쪽 경사진 둘레에는 3단으로 이루어진 계단식 화강
암 축대가 구축되어 있다.

이 나무의 밑바닥 둘레는 10.7m이고 가슴높이 둘레는 11.8m이며,
키는 20m 정도, 수관의 폭은 22m로 측정되어 있다. 모목(母木)을 보
면, 원줄기는 10m 정도 높이에서 부러졌고, 그 주변에 큰 곁가지 4개
가 붙어 있는데, 이들과 어울려 11개의 자목과 손자목이 높이 자라
있다. 만일 이 나무의 부상당한 원줄기가 아들나무와 손자나무에 의
지할 수 없었더라면 강풍에 전부 부러져 없어졌을 것으로 추측된다.

늑구리 은행나무가 사는 골짜기에는 2,3채의 농가가 있을 뿐이다.
그러나 지형으로 보아 20여 호의 화전민이 마을을 이루었던 흔적은
보인다. 이 골짜기의 옛 이름이 '절골'이라니, 아마도 그 옛날에 절
도 있었다고 보아야 할 것이다. 이곳이 광산도시 도계읍과 가까운

원주시 반계리 은행나무(천연기념물 제167호)는 우리나라에서 수형이 가장 아
름답고 웅장한 수령 800년의 노거수이다. 이 은행나무는 수고 34.5m, 허리둘레
16.9m, 수관의 폭 약 31m이다.

　　충남 금산군의 보석사에 있는 은행나무는 천연기념물 365호로 지정된 수령 1,102년(2002년 현재)의 암나무 노거수이다. 나무 높이 34m, 가슴 높이 둘레 10,7m인 이 나무의 수세는 매우 약한 상태이다. 뿌리 주변에서 나온 맹아들의 줄기는 모두 절단되어 있고, 뿌리 주변은 석축으로 정리되어 있다. 그러므로 어린 줄기들이 없어 영양분과 수분을 넉넉히 공급받지 못하고 있다.

　　금산 보석사 은행나무는 원줄기로부터 7~8m 떨어진 곳의 뿌리에서 몇 개의 근맹아(根萌芽)가 자라고 있는 것을(오른쪽으로 2개의 가지가 보임) 볼 수 있다. 이 은행나무를 건강하게 보호하기 위해서는 줄기나 뿌리에서 나오는 맹아들을 절단하지 않고 자연 그대로 자라도록 둘 필요가 있다.

아들나무와 손자나무 가족으로 둘러싸인 중국의 한 은행나무 둘레에 어린이들이 서 있다.

곳이지만, 그 옛날에는 이곳 주민이 동해 바닷가까지 가려면 온종일 걸어도 모자랄 심산유곡이다.

강원도 원주시 반계리에 있는 수령 약 800년의 은행나무는 천연기념물 167호로 지정되어 있으며, 우리나라 은행나무 노거수 중에서 모습이 가장 웅장하기로 유명하다. 수고가 34.5m이고, 나무 둘레가 약 17m이며, 수관의 폭이 30m를 넘는 이 나무는 두 포

원주시 반계리 은행나무의 뿌리가 오랜 침식으로 드러나 있다. 이 노거수의 자목과 손자목을 자연 그대로 두었더라면, 그들 은행나무 가족의 뿌리는 더 멀리 뻗어나가 있었을 것이다.

기를 붙여 심은 것처럼 뿌리 부분에서 두 갈래로 나뉘어 있으며, 각 갈래에서는 5~10여개의 굵은 줄기들이 자라나 있다. 이 줄기들을 살펴보면 모두 수피가 젊고 건강하며, 하늘로 곧게 잘 뻗은 아들나무와 손자나무들이라는 것을 알 수 있다. 이 나무의 가지들 중에 옆으로 뻗어 지면(地面)으로 기울어진 것은 11개의 튼튼한 지주가 받쳐주고 있다.

노거수들의 뿌리에서 자라나온 잔가지들을 인위적으로 제거하지 않고 그대로 수십 년 수백 년 자연 상태로 둔다면, 은행나무는 원줄기를 중심으로 수많은 자목과 손자목, 손손자목으로 점점 확대되어 직경이 십 미터를 넘는 거대한 가족 숲을 이룬다. 실재로 중국의 은행나무 노거수 중에는 이런 나무가 있다(사진 참조) 은행나무는 이처럼 할아버지, 아버지, 아들, 손자가 대대로 무리지어 살았기 때문에 수억 년을 살아남는데 큰 도움이 되었을 것이다.

* 지진에 강한 나무

공룡이 사라진 뒤, 은행나무 가족이 모여 이룩한 수림은 그들 자체를 보호하는 방풍림 역할을 했을 것이며, 그들 가족나무의 넓게 뻗은 뿌리는 뒤엉켜 거대한 그물 같은 구조를 이루었을 것이다. 이 거대한 뿌리 덩어리는 지진이나 단층작용과 같은 자연재해가 일어나더라도 서로 붙어 있어 살아남을 수 있는 중요한 이유가 되었을 것이다. 그러므로 대지진으로 땅이 갈라지고 있을 때, 주변에 큰 은행나무가 있다면 은행나무 아래가 더 안전한 피난 장소가 될 것으로 생각된다.

🌿 병충해가 거의 없는 나무

여름에 그늘나무를 찾아들어 갔을 때, 나무 잎에 해충들이 번식하고 있으면 애벌레는 물론 그들의 배설물이 떨어지기 때문에 사람들

은 나무 밑을 기피하게 된다. 은행나무 아래는 어떤 나무보다 그늘
이 짙고 시원하며, 인간을 괴롭히는 벌레가 거의 없다. 은행나무가
병충해에 강하다는 사실은 1,000년 전의 선조들도 알고 있었다. 그
러므로 은행나무를 땔감이라든가 가구 제조용 목재로 사용하기보다
풍치목(風致木)으로 더 사랑하게 되었다. 만일 은행나무가 병충해에
강하지 않다면 가로수로 선택하는데도 불리했을 것이다.

선조들은 오래 전부터 노랗게 물든 은행나무 잎을 책갈피에 끼워
두기를 좋아했다. 은행나무 잎의 화학성분이 종이를 갉아먹는 좀벌
레를 퇴치할 것이라고 믿었기 때문이다. 이런 관습은 우리나라만 아
니라 중국과 일본에도 있었다.

은행나무에는 왜 병충해가 적은지 식물학자들에게 큰 의문이었다.
이 문제에 대한 연구는 한국, 일본, 중국 세 나라에서 특히 많이 하
고 있다. 일본의 가와이(Kwai-3-1)는 1977년 정원에 많이 심는 수목
40가지를 대상으로 조사한 결과, 그 나무들에서 344가지 해충을 찾
아낼 수 있었다. 그러나 은행나무에서는 6가지 해충만 발견했고, 그
나마 피해가 거의 없는 것이었다.

미국흰불나방 : 수목의 해충으로 악명 높은 미국흰불나방(*Hyphantria
cunea*)은 6·25를 전후하여 한국에 들어온 너무나 유명한 해충이다.
이 나방의 애벌레는 식욕이 대단하여 수목 종류를 거의 가리지 않
고 피해를 준다. 그러나 이 나방도 은행나무 잎은 먹지 않는다. 그
렇지만 은행나무 잎을 먹는 해충이 전혀 없는 것은 아니다. 여러 과
학자들의 연구 결과를 종합해보면, 해충들 중에서 은행나무 잎을 심
하게 갉아먹는 것은 왕누에나방(*Dictyoploca japonica*) 애벌레로 알
려져 있다. 이 외에 알려진 해충에는 다음과 같은 것들이 있다.

잎말이나방 : 잎말이나방(oriental tea tortorix, leaf miner, leaf roller)
은 모든 과수와 수목에 심각한 피해를 주는 해충이다. 잎을 둥글게
말기 때문에 '잎말이나방'이라 불리는 이 무리의 곤충은 어린잎을

갉아먹기 좋아한다. 은행나무를 공격하는 잎말이나방 종류는 *Homona magnanima*와 *Spilarctia subcarnea*가 알려져 있다.

나무좀 : 나무좀(bark beetle) 종류는 세계적으로 6,000여종 알려져 있으며, 나무에 구멍을 뚫으며 갉아먹는 삼림해충이다. 이 종류 중에 *Acalolepta sejuncta*는 은행나무 잔가지에 소규모로 피해를 준다. 그러나 다른 나무좀은 피해를 거의 주지 않는다.

하늘소 : 자신의 몸길이보다 긴 안테나를 뒤로 뻗고 있는 하늘소 종류는 보기에는 멋있지만 나무를 갉아먹는 유명한 삼림해충이다. 은행나무는 이들 하늘소의 공격을 다른 나무에 비해 훨씬 적게 받는다. 그러나 *Acalolepta sejuncta*와 *A. gingovora* 두 종류는 은행나무를 해치고 있다.

깍지벌레 : 작은 가지나 새 잎에 가루처럼 붙어 수액을 빨아먹는 깍지벌레들은 온갖 나무의 지독한 해충이다. 은행나무를 공격하는 깍지벌레에는 가루깍지벌레, 뿔밀깍지벌레, 긴굴깍지벌레, 이세리아 깍지벌레 등이 알려져 있다.

검정주머니나방 : 은행나무는 해충이 없는 나무로 유명하지만, 1933년부터 인천 근처에서 처음 나타나 1996년까지 서울 시내의 은행나무 잎을 심하게 갉아먹은 '검정주머니나방(*Manasena aurea*)'이라는 해충이 있다. 이 나방은 잎을 말아 그 속에 살면서 잎을 갉아먹어 피해를 주는데, 은행나무 외에 느티나무와 당단풍에도 피해를 주고 있다.

이 해충 성충의 수컷은 몸길이가 9~10mm이고, 암컷은 19mm 정도이나 날개를 펴면 23~25mm가 된다. 나뭇잎을 갉아먹는 것은 이 검정주머니나방의 애벌레들이다. 이 해충은 머리와 가슴이 검정색이다.

이 외에도 몇 가지 은행나무 해충이 발견되고 있으나 그 피해는 적다. 중국에는 우리나라에서 볼 수 없는 은행나무 해충 종류가 있다고 한다. 일본의 해충은 우리나라와 비슷하다. 은행나무 잎을 먹는 해충이 드문 이유가 무엇인지 생각해보면, '은행나무 잎에 해충들이 싫어하는 화학물질이 있을 것'이라는 생각이 먼저 떠오른다. 그래서 무공해 자연농법으로 농사를 하는 사람들은 은행잎 추출액을 뿌려주면 농약을 쓰지 않고 해충을 막을 수 있을 것이라고 믿어 실험을 해보기도 한다.

과학자들은 이런 생각들을 확인하기 위해 은행나무 잎을 아세톤이라든가 알코올, 메틸알코올 등의 용제(溶劑) 속에 담가 화학성분을 추출하여 실험을 해보았다. 그 결과에 의하면, 콩풍뎅이(*Popillia japonica*)라는 해충은 식물 종류를 거의 가리지 않고 피해를 주는 것으로 알려져 있다. 콩풍뎅이는 잎과 꽃과 열매 모두를 갉아먹으며, 병균을 옮기기까지 한다. 그러나 은행나무 잎은 먹지 않는다. 그래서 메츠게르(Metzger) 등은 은행나무 잎 추출물을 사과나무와 배나무에 살포하여 콩풍뎅이를 막아보려 했다. 그러나 그의 실험은 실망이었다. 추출액이 콩풍뎅이를 퇴치하는 역할을 하지 않았기 때문이다.

이 실험과는 달리, 그레인저(Grainger) 등은 메틸알코올로 추출한 은행잎 용액을 양배추에 살포하여 배추흰나비의 접근을 방지하는 실험에 성공했다. 연구자들은 은행잎 추출물에서 배추흰나비를 내쫓는 몇 가지 물질을 분석해내기도 했다. 또 다른 연구자의 실험에 의하면, 은행잎 추출액을 벼에 살포한 결과 갈색멸구(*Nilaparyvata lugens*)를 퇴치할 수 있었다고 했다. 벼멸구를 퇴치한 화학물질은 trilactone terpene이라고 알려져 있다.

한국펄프공학회지 2010년 추계학술논문집에는 <은행나무 잎을 첨가한 항충지(抗蟲紙) 대지(臺紙)의 물성 및 쌀바구미 살충 효과>라는 연구보고가 실려 있다. 이 논문은 은행나무 잎을 펄프에 섞어 만든 종이는 지질(紙質)에 별다른 영향을 주지 않으면서 쌀바구미에 대해 항충 효과가 있다고 보고하고 있다.

한국산림바이오에너지학회가 발간하는 임산에너지 제25권 제2호(2006)에는 <은행나무 잎을 혼합하여 제조한 파티클보드(particle board, chip board)의 물리 기계적 성질과 포름알데히드 저감 효과>라는 논문이 실렸다. 파티클보드란, 나무 파쇄편, 톱밥, 기타 식물성 섬유질 조각(particle)에 합성수지로 된 접착제를 섞어 열로 성형한 판재(板材)를 말한다. 이 판재는 옹이가 없고, 잘 썩지 않으며, 뒤틀림과 휨이 없으면서 가공하기 쉬워 가구, 벽, 상품 케이스 제조에 대량 사용되고 있다.

파티클보드 제조에 사용하는 합성수지에 포함된 포름알데히드는 공해물질로 알려져 있다. 이 논문에서는 목재 파티클에 은행나무 잎을 3% 혼합하여 파티클보드를 만들었을 때, 판재는 물리적 기계적 성질에 변함이 없으면서 포름알데히드가 40% 감소했다고 보고했다.

이런 연구보고를 보면, 은행나무 잎 파티클보드로 만든 가구나 벽재는 집안에 벌레가 침입하는 것을 막아줄 가능성도 있어 보인다. 이 외에도 은행나무 잎을 건조시킨 것(섬유질)을 주원료로 하여 종이나 천, 또는 다른 건축자재를 만든다면 방충, 방균 효과만 아니라, 은행나무 잎은 불에 잘 타지도 않기 때문에 내화성(耐火性) 제품도 생산할 가능성이 있을 것이다.

🌿 은행나무는 세균과 곰팡이에도 강하다

은행잎 추출액의 해충 방제 효과를 조사하는 실험은 그 동안 많이 실시되었고, 지금도 행해지고 있다. 그러나 결과는 일정치 않아

효과에 대해 결론을 내기 어렵다. 그러므로 은행나무가 병충해를 적게 입게 된 진화의 신비는 의문만 더 커졌다. 확실한 것은 은행나무를 공격하는 해충의 종류는 다른 나자식물에 비해 매우 적다는 사실이다. 은행나무는 곤충이 기피하는 화학물질만 아니라 우리가 아직 알지 못하는 다른 이유도 함께 작용하여 병충해를 방지하고 있을 것이다. 이 신비를 밝혀낸다면, 화학적 농약을 사용하지 않고 작물을 재배하는데 큰 발전이 있을 것이다.

은행나무에는 해충만 없는 것이 아니라 병을 일으키는 곰팡이 같은 미생물도 매우 적다. 식물의 잎이나 줄기 또는 새싹에 기생하여 병을 일으키는 미생물 병원균을 예방하거나 퇴치할 때는 살균제(殺菌劑)를 사용한다. 은행나무는 곰팡이에 대해서도 강한 저항성을 가지고 있기 때문에, 은행나무 가로수에는 살균제를 살포하지 않아도 건강하다.

은행나무는 늘 싱싱하기 때문에 식물학자들은 은행나무 잎을 공격하는 미생물에 대해서는 별로 연구하지 않았다. 그 동안 몇 가지 병원성 곰팡이류를 한국, 일본, 중국 등의 학자들이 조사하기도 했지만, 은행나무 잎에 어떤 화학성분이 있어 방균(防菌)작용을 하는지에 대해서는 알려져 있지 않다.

어떤 지혜로운 생활인은 가을에 은행잎을 가득 담아 와서 말린 것을 종이봉지에 담아 집안 구석구석에 놓아두면 바퀴벌레로부터 모든 벌레가 접근하지 않는다고 말하고 있다. 필자도 이 생활인의 아이디어를 따라 현재 실험해보고 있다.

🌿 은행 씨를 먹는 동물이 없다!

주라기의 초식성 공룡과 파충류 중에는 은행나무의 잎을 주식하는 종류가 있었다고 학자들은 믿는다. 어떤 공룡은 은행나무 종자를 먹고 단단한 씨를 배설하여 은행나무가 널리 퍼지도록 하는 역할도

했을 것이다. 그러나 오늘날 다람쥐라든가 다른 동물들은 은행나무 씨를 먹지 않는다. 그 이유는 종피에서 나는 냄새 물질 때문이라 추측할 뿐, 확실한 이유를 알지 못하고 있다. 현재 은행나무 씨를 먹는 동물로 오소리만 알려져 있지만, 그나마 확실치 않다.

은행나무는 꽃이 피더라도 꿀이 없기 때문에 곤충이 찾아오지 않는다. 은행나무가 번성하던 주라기(2억~1억 4천만 년 전)에는 공룡이 살던 시대이다. 이때는 4억 년 전 데본기에 나타난 바퀴벌레를 비롯하여, 3억 년 전에 나온 잠자리 등 여러 곤충이 번성하고 있었다. 그러나 은행나무는 곤충 대신 수많은 꽃가루를 바람에 날려 수정이 이루어지도록 하고 있었던 것이다. 참고로, 곤충 중에서 원시 시대의 모습을 지금까지 변하지 않고 살아있는 가장 대표적인 동물은 바퀴벌레라고 알려져 있다. 그렇지만 바퀴벌레의 조상은 석탄기(3억~3억 5,000만 년 전)에 처음 나타나 오늘날에는 약 4,500종이나 생겨나 지역과 환경에 따라 다양한 모습으로 산다. 우리나라 가정에서 흔히 보는 바퀴벌레는 길이가 1.5cm 정도이지만 미국이나 독일바퀴벌레는 길이가 3cm에 이르고, 오스트레일리아에 사는 가장 큰 종류는 길이가 약 9cm에 이른다.

은행나무 씨는 포유동물이나 다른 동물들이 먹지 않고, 잎은 곤충만 아니라 모든 초식동물도 먹으려 하지 않는다. 그 이유는 무엇일까? 그 답을 찾아낸다면 농작물의 해충을 퇴치하거나, 저장해둔 곡식을 먹는 쥐라든가 바구미와 같은 곤충을 접근하지 못하게 하는 방법으로 이용할 수 있을지 모른다.

🌿 공해에 가장 강한 수목

대기오염은 식물에 대해 극심한 스트레스로 작용한다. 그런데 은행나무는 대기오염에 대해 유난히 강한 저항력을 가진 수목으로 알려져 있다. 자동차 매연이 극심하게 배출되는 도심 가운데서도 은행나무의 잎은 언제나 싱싱하게 펄럭이고 있다. 전남대학 농과대학의 김윤수 등이 대도시의 가로수 은행나무가 매연이라든가 산성비 등에 어느 정도 잘 견디는지 조사한 보고가 있다(Kim et al, 1977).

도시의 대기오염은 아래 3가지 형태로 분류할 수 있다.

1) 자동차 등에서 나오는 먼지와 배기가스

2) 잎과 줄기에 쌓이는 공해물질

3) 수목에 내리는 산성비와 눈

공해(배기) 가스는 잎의 숨구멍을 통해 식물체로 들어가 세포에 피해를 주고, 먼지는 잎의 숨구멍을 막아 호흡과 수분 증산을 방해한다. 또 이들 공해물질은 잎의 표면을 덮고 있는 큐티클 층을 파괴하는 작용을 한다. 큐티클이란 손톱이나 뿔의 성분과 같다. 잎 표면의 얇은 큐티클 층은 1)표면 세포를 물리적으로 보호하고, 2)수분의 탈출을 방지하며, 3)병균의 침입을 막고, 4)잎이 물에 젖는 것을 방지하는 중요한 역할을 한다. 그러므로 공해에 잘 견디려면 잎의 큐티클 층이 강해야 한다. 만일 큐티클 층이 공해물질에 쉽게 녹아버리거나 하면, 잎 표면의 세포들은 공해물질에 직접 노출되고 만다. 도시에서 가장 피해를 주는 매연의 화학 성분은 이산화황, 산화질소, 오존이다. 이들 가스가 빗물에 녹으면 산성비로 변하여 잎의 세포를 상하게 한다.

전남대학에서 행한 소나무, 전나무, 편백나무, 향나무, 참나무, 자작나무, 버드나무, 벚나무, 오동나무, 플라타너스, 은행나무를 비교한 공해 실험에서, 은행나무와 플라타너스는 이산화황이라든가 산화질소 등의 공해 가스에 가장 강한 수목으로 밝혀졌다. 특히 소나무와 비교했을 때 은행나무는 3~4배 강한 결과를 나타냈다. 또 은행나무 잎은 그 표면에 소나무 잎보다 10배나 많은 양의 이산화황이 퇴적되어 있더라도 잎의 큐티클이 상하지 않았다. 전자현미경으로 잎을 관찰했을 때 은행나무 잎만 무사할 뿐 다른 나무들의 잎은 모두 상해 있었다.

산성비에 대한 내성을 조사한 실험에서도 은행나무 잎은 가장 강한 결과를 나타냈다. 예를 든다면, 은행나무 잎은 산성도 pH 2.0의 조건에서도 건강했으나 다른 수목들은 그렇지 못했다. 또 잎의 숨구멍 세포를 전자현미경으로 관찰했을 때도 건강한 상태로 있었다.

은행나무가 왜 공해에 강할 수 있는지 그 이유는 확실치 않다. 일반적으로 잎이 넓은 나무는 빗물에 쉽게 젖기 때문에 산성비에 약하다. 그러나 은행나무 잎은 소나무보다 잎이 훨씬 넓으면서도 공해에 더 강한 것이다. 은행나무 잎의 숨구멍은 잎 뒷면에 많이 있고 표면에는 수가 적다. 반면에 다른 침엽수들은 숨구멍이 잎 전체에 고르게 산재해 있다.

은행나무 잎의 큐티클 층은 다른 나무보다 두터운 것도 아니다. 긴 세월 동안 온갖 환경 변화 속에서 살아온 은행나무는 진화의 험로(險路)에서 곰팡이라든가 해충에 저항하는 방법을 발달시켰을 뿐 아니라, 화산 연기(이산화황의 농도가 매우 높음)가 가득한 대기 중에서도 잘 적응하는 능력을 갖게 된 것인지도 모른다. 뿐만 아니라 은행나무는 지각변동이 심한 시대를 살아오면서 강한 방사선에 대해서도 살아남을 수 있는 불굴의 나무가 된 것으로 생각된다. 그들이 오늘까지 살아 인류와 함께 공존하게 된 것은 인류를 위해 매우 다행한 일이다.

🌿 외종피 속의 냄새 물질의 중요한 역할

많은 종류의 식물은 새나 동물이 그 씨나 과일을 먹음에 따라 소화되지 않은 종자가 소화기관 밖으로 배설됨으로써 자손을 널리 퍼뜨릴 수 있다. 은행나무 씨는 다른 식물의 씨에 비해 매우 큰 편이다. 또 씨 속에는 영양 가득한 배젖이 들어 있다. 은행나무가 무성하던 과거 지질시대에는 은행나무 씨를 먹고 외부로 퍼뜨려주던 공룡들이 있었을 것이다. 그럼에도 불구하고 오늘날에는 은행나무 씨를 주식하는 야생동물이 눈에 뜨이지 않는다. 이 문제에 대한 연구가 별로 이루어지지 않고 있다.

늦가을 은행나무 씨가 모수에서 떨어진 직후 바로 파종하면 발아하지 않는다. 첫 번째 이유는 씨앗 속의 씨눈(유배)이 아직 미성숙 상태이고, 두 번째 이유는 은행나무 씨의 물렁한 외종피(sarcotesta)에 포함된 'hydroxyalkenyl salicylic acids'(HSA)라는 물질이 발아를 억제하는 작용을 하기 때문이다. 만일 씨가 떨어진 즉시 발아해버리면 어린 싹은 겨울 동안 얼어 죽을 위험이 있다. 은행나무 씨가 휴면하는 성질은 공룡시대에는 물론이고, 그 이후에도 살아남을 수 있도록 한 중요한 조건이 되었을지 모른다(Rothwell and Holt).

티프니(Tiffney)와 같은 학자는 은행나무가 소멸하지 않고 살아남은 이유의 하나로 이 외종피 속의 휴면물질 HSA의 역할에 대해 다음과 같이 말하고 있다. "당시 은행나무 씨를 주식(主食)하는 공룡이나 파충류는 열매를 먹었고, 그 열매는 위장 속에서 HSA가 제거된 상태로 단단한 씨만 소화기관 밖으로 배설되었을 것이다. HSA가 없어진 씨는 곧 발아하여 새로운 싹을 낼 수 있었다. 그러나 파충류가 모두 사라져버리자, 은행나무는 모수(母樹)로부터 씨를 멀리 전파시켜줄 동반자를 잃어버렸을 것이다. 만일 은행나무 씨가 떨어지자마자 싹이 터버린다면 멀리 퍼져나갈 기회가 더욱 줄어들 것이다. 다행하게도 은행나무 씨는 겨울 동안에는 휴면을 하고, 봄에 싹이 트게 됨에 따라 생존율이 훨씬 높아졌을 것이다."

최근 일본의 호리(Hori)는 오소리가 HSA가 있는 은행나무 씨를 먹는다고 보고하고 있으나 확실하지 않다. 은행나무 씨를 먹는 야생동물에 대한 연구가 필요해 보인다.

🌿 은행나무가 쇠퇴한 두 번째 수수께끼

은행나무가 소멸하게 된 배경을 알기 전에 공룡이 사라진 원인을

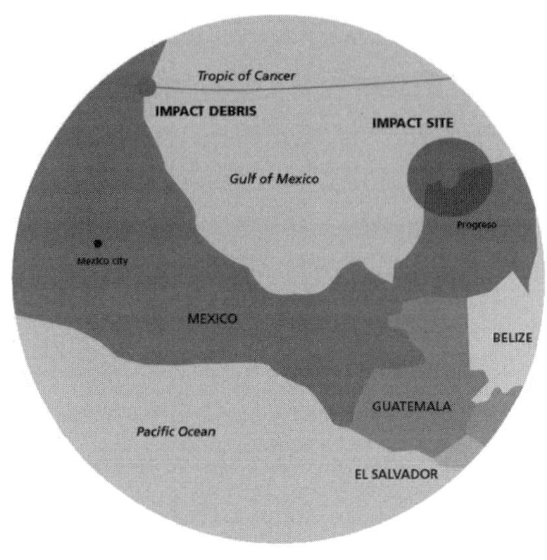

공룡 소멸의 계기가 된 운석 충돌지는 그림에 나타낸 멕시코의 유카탄반도이다.

먼저 생각해보자. 공룡시대가 끝나게 된 이유는 오래도록 큰 수수께끼의 하나였다. 고생물학자들은 지금까지 1,000여종의 공룡 화석을 발굴했다. 공룡은 크기도 다양하고, 초식성인 것과 육식성인 것이 있으며, 두 발로 걷는 것과 네 발로 걷는 것이 있었다. 약 2억 7,000만 년 전부터 6,500만 년 전까지 1억 6,000만 년 동안 거대한 체중으로 땅을 구르며 지구상에서 주인처럼 살던 공룡들이 한꺼번에 사라진 이유에 대해 과학자들은 오래도록 논란해왔다. 그 중에 오늘날 가장 신빙성이 있는 이론은, 이 시기에 거대한 운석이 지구에 떨어졌기 때문이라는 '운석 충돌설'이다.

운석충돌설을 이해하기에 앞서, 대규모 화산 폭발이 지구 전체의 생명체에 미치는 영향을 생각해볼 필요가 있다. 기록상 가장 큰 화산 폭발은 약 200년 전인 1816년 4월에 인도네시아의 숨바와 섬에서 일어났다. 높이 4,300m의 화산이 분출하는 폭발음은 2,000km 떨어진 곳에서도 들을 수 있었다고 한다. 이때의 화산 폭발로 발생한 화산연기와 먼지는 기류를 따라 전 세계(특히 북반구)의 하늘을 장기간 뒤덮게 되었으며, 다음해인 1817년에는 아시아와 유럽, 북아메리카 전역에서 여름이 실종되었다. 그 해 겨울은 유래 없이 추운 날이 계속되었으며, 뉴욕과 다른 지역에서는 6월에도 눈이 내렸다는 기록이 있다. 또 이 시기에는 공기 중에 먼지가 많아 낮에 맨눈으로 태양의 흑점을 볼 수 있을 정도였다고 기록되어 있다.

당시, 북반구의 나라는 기온 저하와 이상 기후의 영향으로 역사상 유례없는 흉년이 들었으며, 가축과 야생동물들도 큰 희생을 당했다. 숨바와 화산이 폭발한 1816년은 우리나라의 경우 조선조 제23대 순조 16년(1800~1834)이다. 당시의 기록에 의하면, 어찌된 일인지 해마다 흉년이 거듭 들어 모든 백성이 고통을 당하고 있었다. 특히 1817년에는 장마 비가 여러 달 계속되어 경상도와 전라도가 극심한 피해를 입었다고 한다. 그러나 이 시절의 우리 조상들은 인도네시아의 섬에서 일어난 화산 폭발 사건을 알 리가 없었다.

만일 이런 대규모 화산폭발이 세계 여러 곳에서 장기간에 걸쳐 발생한다면, 지구의 기온과 기상은 예상할 수 없는 변화가 일어날 것이며, 그런 날이 오면 많은 생물들은 살아남기 어려워진다. 공룡을 소멸시킨 대사건은 대규모 화산폭발보다 더 큰 재양인 거대 운석의 충돌이었다.

1980년, 미국의 지구과학자인 월터 알바레즈(Walter Alvarez, 1940 ~)는 그의 부친 루이스 알바레즈(Luis Alvarez, 1911~1988)와 공동으로 '공룡이 사라진 이유는 거대한 운석이 지상에 떨어진 때문'이라는 운석 충돌설을 발표했다.

"6,500만 년 전, 도시 크기의 거대한 운석이 지상에 떨어졌다. 그 충격으로 거대한 구름이 솟아올라 지구 전체를 마치 모포처럼 뒤덮었다. 그 구름은 몇 달 동안 태양빛을 차단했고, 그 때문에 엄청난 기상변화가 일어나 지구는 춥고 어두운 날이 지속되었다. 이때 공룡만 아니라 지구상에 살던 약 75%의 동물과 식물이 사라졌다."

이 학설은 현재 대부분의 과학자들로부터 인정받는다. 운석 충돌설이 나오게 된 것은, 월터 알바레즈가 1970년대에 이탈리아의 한 암석층에서 6,500만 년 전에 퇴적된 것으로 보이는 엄청난 양의 이리듐 층을 발견하면서 시작되었다. 이리듐은 일반 암석에는 극소량만 포함되어 있는 백금을 닮은 금속이다. 이리듐 층을 이상하게 여긴 알바레즈는, 1968년에 노벨 물리학상을 받은 실험 물리학자이며

그의 아버지인 루이스 알바레즈에게 이 내용을 알렸다. 그의 아버지
는 발견된 이리듐이 지구 외부로부터 온 것이라고 단정했다. 연구를
시작한 이후 세계 100여 곳에서 6,500만 년 전의 이리듐 층이 발견
되었다. 그리하여 알바레즈 부자(父子) 과학자는, 이 시기에 거대한
운석이 지구에 떨어졌다는 가설을 발표한 것이다. 그러나 그들은 운
석이 떨어진 장소가 어디인지 미처 알지 못했다.

　지구상에서 발견되는 크고 작은 운석 화구(운석공)를 조사한 과학
자들은 멕시코의 유카탄 반도 끝에 있는 거대한 운석공이 그 장소
일 것이라고 믿고 있다. 이곳의 운석공은 직경이 약 180km인데, 이
것은 직경 5~15km의 운석이 떨어져야 생겨날 수 있는 크기의 구멍
이다.

🌿 빙하기마다 은행나무의 수난

　최근 지구 온난화 현상 때문에 빙하(氷河)에 대한 관심과 연구가
활발하다. 빙하는 겨울에만 생겼다가 여름이면 녹는 얼음이 아니라,
엄청난 양의 얼음장이 지구 표면의 광대한 면적을 장기간 덮고 있
는 것을 말한다.

　스위스에서 태어나 자라고 훗날 하버드 대학의 교수가 된 지질학
자 루이스 아가시(Jean Louis Rodolphe Agassiz, 1807~1873)는
1836년에 알프스산맥의 바위들을 관찰하던 중에 암석들이 대규모로
긁히고 홈이 파이게 된 이유를 찾아냈다. 그는 이때 발견한 빙하시
대에 대한 이론(Agassiz's Theory of Ice Age)을 1837년에 과학학회
에서 발표했다.

　"과거에 유럽 대륙은 빙하로 뒤덮여 있었다. 바위의 상처들은 거
대한 빙하가 움직일 때 생겨났다. 과거 6억년 동안에 지구상에는 17
차례의 빙하기가 있었다."

　빙하기의 지구는 지금보다 훨씬 넓은 면적이 빙하로 덮여 있었다.

강원도 태백시의 고생대자연사박물관에는 공룡을 비롯하여 주변 석탄층에서 발견된 고생대와 중생대의 화석들을 전시하고 있다. 전시장 내의 공룡 활동을 그린 큰 벽화 배경에는 당시 무성하던 종자고사리 등의 화석식물이 그려져 있다.

그럴 때의 지구 모습은 거대한 눈 덩이와 같았다. 오늘날 과학자들은 빙하에 대해 많은 것을 알고 있다. 그러나 빙하시대가 왜 오고 가고 했는지 그 이유는 확실하게 모른다. 몇 가지 이론을 보면, 지구 궤도의 변화, 대륙의 이동, 화산 활동에 의한 대기 중의 이산화탄소 양의 변화, 우주 방사선 등이 있다.

약 8억 5,000만~6억 3,000만 년 전, 지구는 표면 전부가 얼음으로 뒤덮이는 가장 극심한 빙하기를 겪고 있었다. 그 이후 지금까지 정도가 가벼운 빙하기가 적어도 3차례 더 있었다. 지구의 4번째 '마지막 빙하기'는 약 110,000년 전에 시작되어 약 10,000년 전에 끝나고, 지금은 비교적 따뜻한 간빙기(학자에 따라 '후빙기'라고도 말함)에 있다.

'빙하기'란 장기간 기온이 강하하여 남북 양극 지역과 대륙의 상

태백시 고생대자연사박물관에 전시된 페름기의 은행나무(깅고아레스) 화석이다. 이 화석은 태백 장성층에서 발견된 것이다.

당 부분, 그리고 고산 위에 얼음 층이 두껍게 덮이는 시기를 말한다. 빙하기가 끝나고 비교적 따듯한 시기는 간빙기라 한다. 지구는 4만~10만 년을 주기로 빙기와 간빙기가 반복되어 온 것으로 알려져 있다. 빙하기가 반복되는 이유는 여러 가지로 설명되고 있으나, 세르비아의 수학자이며 지구물리학자인 밀루틴 밀란코비치(MIlitin Milankovitch 1879~1958)의 이론이 가장 중요하게 생각되고 있다.

그의 빙하기 이론은 태양과 지구 사이의 관계와 관련되어 있다. 1)지구 공전 궤도의 이심률 변화, 2) 지구 자전축의 경사도 변화, 3) 지구 자전축의 세차운동, 이렇게 3가지로 원인을 설명하고 있다.

1. 공전궤도의 이심률 변화 : 지구는 태양의 둘레를 공전하고 있지만, 태양은 은하계 속을 돌고 있다. 그에 따라 지구의 공전궤도는 원 궤도에서 약간 타원궤도를 돌 때가 있다. 약 100,000년을 주기로 일어나는 타원 공전궤도 시기에는 지구와 태양 사이의 거리가 조금 멀어져 지구의 기온이 떨어지게 된다.

2. 자전축의 경사 변화 효과 : 지구의 자전축은 41,000년을 주기로 21.5도에서 24.5도 사이에서 움직이고 있다. 현재의 자전축 경사도는 약 23.5도이다. 이 경사 각도가 커지면 여름이 덜 덥고, 겨울은

덜 추운 상태가 된다. 만일 경사가 전혀 없는 0도라면, 지구의 적도 지역은 태양열을 끊임없이 받아 계속 뜨거운 여름이 계속될 것이며, 반대로 남북극은 계속되는 혹한 때문에 빙하가 점점 확장될 것이다.

3. 지축의 세차운동(歲差運動) : 돌고 있는 팽이를 보면 그 중심축이 비틀거리듯이, 자전하는 지구의 축도 약 26,000년을 주기로 비틀거리고 있다. 이를 '세차운동'이라 하며, 세차운동에 따라 지구의 표면은 태양이 비치는 각도가 크게 달라진다.

밀란코비치는 위의 3가지 운동의 주기가 합쳐져 효과가 극대화하는 시기에 빙하기가 온다는 '밀란코비치 사이클 이론'(Milankovitch cycle theory)을 1930년대에 발표했다. 그의 이론에 대해 일부 학자들은 반박하기도 했으나, 1960~1970년대에 심해저의 퇴적물을 조사한 결과 밀란코비치의 이론대로 약 100,000년 주기로 궤도변화가 옴에 따라 빙하기가 왔다는 사실을 인정하게 되었다.

빙하기에는 장기간 대규모로 얼음이 얼고 녹기를 반복하면서 큰 물이 흐르게 되어 심한 침식이 일어나고, 침식된 것은 낮은 지대에 모여 퇴적 현상을 일으킨다. 그 결과 해안의 육지에는 대규모로 침식된 빙하 골짜기가 생겨나고, 육지의 산에는 가파른 경사면과 절벽이 생긴다. 이러한 빙하기가 지나가고 육지를 덮은 빙하가 점점 녹아 물러가게 되면, 땅이 파이고 지형이 변하면서 수많은 호수도 생겨나게 된다. 빙하학자들은 빙하가 일어난 여러 현상과 증거들을 지형의 변화, 빙하 속을 깊이 파낸 얼음 코어(ice core), 코어 속의 화석 꽃가루, 방사선 연대측정, 해저의 퇴적물 등을 조사하여 찾아내고 있다.

빙하기를 맞으면 대륙에 얼음 층이 광범하게 덮이게 됨에 따라 해수면은 낮아지고, 추위 때문에 동식물이 격감하게 된다. 10,000년 전까지 진행되어온 마지막 빙하기 때를 살던 인류의 조상은 수렵과 채집이 어려워 생존에 타격을 입었을 것이다. 마찬가지로 빙하기가

빙하가 얼었다 녹기를 수천 년 계속되는 동안 육지는 대규모 빙하에 침식되어 협곡이 생겨났다.

빙하기에는 지구 육지의 상당 부분을 빙하가 덮고 있었으므로 동식물의 생존이 매우 제한되었다.

올 때마다 은행나무 역시 생존이 불리했을 것이다. 약 1만 년 전까지 북아메리카 대륙과 유럽 대륙은 빙하로 덮여 있었다. 오늘의 지구 표면은 약 10%가 얼음으로 덮여 있다. 그러나 마지막 빙하기에는 빙하가 지표(地表)의 30%를 덮고 있었다.

마지막 빙하기에 중국의 남부는 빙하가 덮이지 않았다. 과학자들은 이 마지막 빙하기 동안에 북아메리카와 유럽 대륙의 은행나무는 완전히 소멸하고, 비교적 따뜻했던 중국 남부에만 살아남을 수 있었다고 추측하고 있다.

미국 요세미티 국립공원에 자라는 자이언트 세코이어는 최대형 침엽수이며, 최고 수령은 3,500년 이상인 것으로 알려져 있다. 최고령 세코이어의 수피(樹皮) 두께는 90cm였다.

🌿 생존경쟁에 불리해진 은행나무

강인하게 지질시대를 잘 살아온 은행나무는 왜 소멸하기 시작했을까? 은행나무의 가족이 이룬 수림은 공룡 떼가 몰려와 잎을 먹어 치우더라도 다음해에는 뿌리에서 새롭게 싹을 내밀어 올렸을 것이다. 그때의 은행나무는 마치 잡초처럼 새로운 줄기가 나오는 강인한 식물이었다.

이런 은행나무 수림은 온갖 새들이 깃들고, 뱀과 같

열매가 달린 은행나무 가지를 플라스크에 담아 연구실에 2달 동안 두었으나 싱싱하게 생존을 계속하면서 열매까지 자랐다.

은 파충류들의 삶터가 되었을 것이며, 크고 작은 포유동물의 보금자리가 되었을 것이다. 이것은 우리가 상상할 수 있는 은행나무의 원시적 모습이다. 수백 년 수천 년 세월이 흐르는 동안, 큰 줄기와 가지들은 겨울이면 눈의 무게에 부러지거나, 강풍과 벼락 등에 쓰러졌을 것이며, 넘어진 나무들은 그 자리에서 부패하여 거름이 되었을 것이다.

은행나무와 같은 나자식물에 속하는 '자이언트 세코이어'(redwood)는 기록상 키가 최고 94.8m까지 자라고, 줄기의 직경이 17m에 이른다. 미국 캘리포니아 주의 요세미티 국립공원에 자라는 이 자이언트 세코이어 중에 가장 장수한 것은 무려 3,500년의 나이테를 가지고 있다. 이 나무를 보면, 은행나무는 어쩌면 더 이상의 수명을 가졌을지 모른다.

지금의 은행나무를 보면 큰 의문 한 가지가 생긴다. 은행나무는 거목으로 자라 해마다 그렇게 많은 씨를 땅에 뿌려도, 그 씨가 저절로 싹터서 자라는 어린 은행나무를 발견할 수 없다는 것이다. 인위적으로 은행나무 씨를 묘상(苗床)에서 발아시키면 싹이 잘 나온다. 또 꺾꽂이라든가 접붙이기를 해도 잘 산다. 그러면서도 자생하는 은행나무가 없다는 것은 큰 수수께끼의 하나이다.

놀랍게도 은행나무 가지를 꺾어 꽃병에 꽂아 두면, 물을 자주 갈아주고 햇볕만 보인다면 몇 달이고 싱싱하게 살아 있다. 만일 열매가 달린 가지를 꽂아둔다면 열매가 점점 자라는 것도 볼 수 있다.

목본식물로서 수생(水生)이 아닌 한, 꽃병의 물속에서 이렇게 살 수 있는 나무는 은행나무 외에는 알지 못하고 있다.

🌿 자연 속에 유묘(幼苗)가 없는 이유

인간이 농작물로 가꾸고 있는 야채나 곡식류 등도 사람의 정성이 들어가는 밭에서는 잘 자라지만 자연 상태에서는 살아남기 어렵다. 이는 다른 잡초들과의 생존경쟁에서 불리하기 때문이다. 식물이 생존경쟁에서 살아남으려면 태양빛을 차지하는 '해바라기 경쟁'과, 뿌리를 뻗어 수분과 영양을 흡수하는 '땅차지 경쟁'에서 성공해야 한다. 그러나 일반 농작물들은 이 두 가지 경쟁에서 잡초를 이기지 못한다.

은행나무는 대자연의 격변과 빙하기를 견디며 수억 년을 생존해 왔지만, 공룡시대가 끝난 이후부터는 잡초라든가 다른 키 큰 침엽수들과의 경쟁에서 약자가 되었을 가능성을 생각할 수 있다. 공룡이 사라지는 사건이 발생한 이후, 키 큰 침엽수들이 육상을 지배하게 되자 그때부터 은행나무는 해바라기 경쟁에 불리해져 생존지역이 점점 줄어들었을 가능성을 생각할 수 있다. 또 그때 이후 새로 등장한 활엽수들과의 햇빛 경쟁에서도 유리하지 않았을 것이다. 특히 어린 묘들은 해바라기 경쟁과 땅차지 경쟁에서 새로운 개체로 성장하기에는 대단히 어려운 조건이 되었다고 생각된다.

그 상황은 지금까지 계속되어, 현재 자연적으로 은행나무가 발아하여 자라는 것은 어디에서도 발견되지 않고 있다. 교외의 도로가나 마을, 또는 공원에 은행나무가 많이 자라고 있지만, 은행나무에서 떨어진 씨가 자연히 발아하여 저절로 자라는 나무를 발견하기는 지극히 어렵다. 그 이유를 생각해본다.

자연 상태에서 은행나무 씨가 저절로 싹터 자라지 못하는 가장 큰 이유는 어린 묘일 때 생장 속도가 아주 느린 것이 가장 큰 이유라고 생각된다. 1년생의 은행나무는 주변의 잡초보다 늦게 자라므로 햇빛 경쟁에서 불리하다. 어린 묘목은 뿌리가 땅을 차지하는 경쟁에서도 잡초에 밀린다. 그러므로 1년생 은행나무 묘는 사람이 잡초를 걷어내어 보호해주지 않는다면 뿌리조차 뻗지 못한 상태에서 햇빛을 보지 못해 살아남지 못하는 것이다.

또 공룡시대에는 은행나무 씨를 공룡이나 다른 동물이 전파시켜주는 역할을 했을 것이다. 그러나 오늘날에는 은행 씨를 먹는 동물이 없어, 다른 곳으로 씨를 퍼뜨리기 어렵게 되었다. 일반적으로 밭에 가꾸는 채소나 곡식, 정원의 꽃들 역시 사람이 보호해주지 않으면 잡초와의 경쟁에서 이기지 못하므로 자연계에서는 생존하기 어렵다.

중국 대륙에 최후까지 살아남았던 은행나무들은 농경시대의 인류를 만나지 못했더라면 모두 절멸하고 말았을 가능성을 예상할 수 있다. 다행하게도 은행나무를 발견한 당시의 선조들은 직접 씨를 심거나, 뿌리의 맹아에서 자라난 어린 나무를 파내어 다른 곳에 이식하거나 하여 증식시켰을 것이다.

가축이란 인류와 동반하여 수만 년을 살아온 동물이다. 벼, 밀, 옥수수, 콩과 같은 작물 또한 인간과 함께 공존해온 재배 식물이다. 이들이 가축이고 농작물이다. 농작물이라 하면 주곡만 아니라 과일과 야채는 물론 들에 자라는 산나물과 약초도 포함된다. 가정이나 연못에서 키우는 금붕어나 비단잉어, 꿀벌 등도 인류의 조상이 키워온 가축과도 같은 동물이다.

우리 조상은 소나무, 느티나무, 은행나무를 그 어떤 나무보다 사랑하면서 함께 살아왔다. 이 중에 은행나무는 인류가 농경(農耕)이 시작되기 전인 석기시대부터 키워온 작물(作物)일 것이다. 과학자들이 가축과 농작물을 끊임없이 연구하듯이, 은행나무 또한 인류의 자연 유산으로서 잘 이용하도록 과학적인 연구를 해가야 할 중요한 대상이다.

은행나무들이 북아메리카 대륙에 살았던 흔적은 한 박물관에 매우 흥미롭게 전시되어 있다. 미국 워싱턴 주 밴테이지에는 '은행나무 규화목 숲'(Ginkgo Petrified Forest) 또는 '깅코·와나펌 주립공원'이라는 유명한 공원이 있다. 면적이 7,470에이커인 이 주립공원은 1953년에 컬럼비아 강을 막은 와나펌(Wanapum) 댐 상류에 위치하고 있다. 와나펌은 이 지역에 살던 인디언 종족의 이름이다.

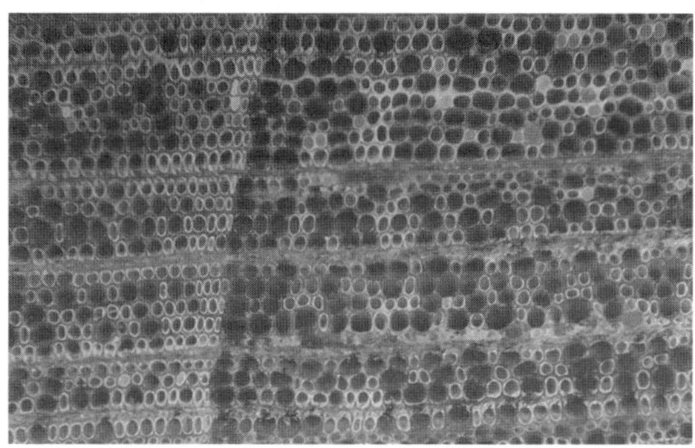

컬럼비아 강 주변에서 발견된 은행나무 규화목(*G. beckii*)의 가도관(헛물관)을 현미경으로 본 모습이다. 이 나무는 1천 500만 년 전 이 지역에 널리 퍼져 살던 종류이다.

미국 워싱턴 주의 '규화목 숲 주립공원'에서 볼 수 있는 은행나무 규화목이다. 이 지역은 약 3천만 년 전부터 대규모 은행나무 숲을 이루고 있었으며, 그 숲은 1천 550만 년 전에 화산재 속에 파묻혀 바위나무처럼 보이는 규화목(硅化木)이 되었다.

1927년에 철도 공사를 하던 인부가 이곳 강가에서 규화목을 발견하자, 지질학자들이 찾아와 조사를 시작했다. 이때 은행나무를 비롯하여 메타세코이어, 단풍나무, 전나무, 더글러스 잣나무 등 50여 종의 규화목이 대량 발견되었다. 이곳에서 출토된 규화목은 약 1천 550만 년 전인 마이오세에 대규모 화산 폭발이 일어났을 때, 당시 번성하던 수목들이 전부 화산재에 깊이 묻혀버린 것이었다. 그러다가 기원전 15,000년경 마지막 빙하기가 물러갈 때 대홍수가 거듭되면서 침식이 진행되어 규화목들이 컬럼비아 강변에 드러나게 된 것이다. 규화목이 처음 발견된 이후, 프랭크 월터(Frank Walter)라는 개인이 적극적으로 장기간 발굴을 계속하여, 그가 찾아낸 화석들과 규화목을 전시한 박물관이 설립되었고, 그 지역은 1938년에 주립공원으로 지정되었다.

🌿 인간의 보호를 받아야 사는 은행나무

지난 10,000년 전까지 지속되었던 빙하기를 거치면서 은행나무는 더욱 생존이 불리해졌다. 현재 침엽수는 지구 전체에 약 600종이 살고 있으며, 이들은 고산이라든가 빙하가 덮고 있는 북단(北端) 바로 아래에까지 퍼져 자라고 있다.

학자들은 중국의 석기시대는 약 300만 년 전부터 1만 년 전이었다고 생각한다. 석기시대의 중국인 선조들은 무성한 잎을 드리운 거목의 은행나무 수림을 발견하고, 그 숲속에 들어가 바람과 눈비와 강한 햇빛을 피할 수 있었을 것이다. 가을에 한꺼번에 떨어져 쌓인 엄청난 양의 낙엽은, 겨울 동안 그들의 체온을 지켜주는 카펫이 되었을 것이며, 경우에 따라 모닥불을 태우는 데도 이용되었을 것이다. 또한 무수하게 열린 은행 열매를 땅에 저장해두면 겨우내 먹을 수 있는 식량의 일부가 되었을 것이다.

인천 장수동의 높이 30m, 둘레 8.6m인 수령 800년의 거대한 은행나무를 비롯하여 용문산의 은행나무와 다른 많은 노거수들을 보면, 옆으로 눕고 드리워진 큰 가지들이 지면에 거의 닿아 있다. 무성한 잎으로 가려진 은행나무 수림 속은 석기시대의 선조들에게 아늦한 보금자리가 될 수 있었을 것이다.

프랑스 낭시의 자르뎅(Jardin) 식물원에 자라는 수령 100여 년의 은행나무 10그루를 보면, 이곳의 나무들은 어려서부터 아래 가지를 자르지 않고 자연 그대로 키웠기 때문에 맨 아래 가지들의 자락이 지면에 드리워져 있으며, 수형은 지면에서부터 위로 곧게 선 원추형으로 생겼다. 우리 주변에서 정자나무나 가로수로 키운 은행나무는 가지가 사람 머리가 닿지 않도록 처음부터 아래 가지를 잘라버리고 있다. 그러므로 이런 나무들은 껑충한 삼각형이거나 우리나라 태극 부채 모습으로 자라고 있다. 더군다나 가로수 은행나무에서는 자연 모습을 전혀 찾아보지 못한다.

은행나무 곁에 살던 조상들은 맹수의 공격을 받을 때, 익숙하게 은행나무 위로 올라가는 방법으로 위기를 면할 수 있었을 것이며, 은행나무 숲에 깃들어 사는 새와 작은 짐승들은 그들의 사냥 대상이 되었을 가능성도 있다. 은행나무와 함께 수천 년을 살아오면서 선조들은 은행나무를 더욱 중요시 하게 되었고, 그 때문에 사람들이 사는 곳이면 어디나 농작물처럼 여기저기 번식시켜 가꾸었을 것이다. 어쩌면 은행나무는 석기시대의 인류가 농작물보다 앞서 가장 먼저 가꾸기 시작한 식물이었을 가능성이 있다.

인간은 이런 은행나무를 차츰 신비로운 존재로 생각하게 되었을 것이다. 은행나무 잎은 벌레들이 먹지

가을에 떨어진 은행나무 열매는 동물들이 먹지 않기 때문에 이른 봄까지 그대로 남아 있다. 그러나 식량이 부족하던 과거에는 중요한 식량의 하나였다. 사진은 충남 금산의 보석사 은행나무 아래에 떨어진 열매이다.

못하기 때문에 해충이 모여들지 않았다. 선조들에게 그런 은행나무 아래는 더욱 좋은 안식처가 되었을 것이다. 은행나무 아래라고 해서 개미조차 살지 않는 것은 아니다. 개미는 은행나무에 살아도 갉아먹거나 하지 않고 그들의 먹이는 다른 곳에서 가져온다.

은행나무 열매는 한꺼번에 많이 먹었을 때 부작용을 일으키기는 했으나 영양이 풍부한 식량으로 중요하게 이용되었을 것이다. 이렇게 하여 석기시대로부터 선조들은 마을 공동의 터라든가, 종교적인 성소(聖所), 드디어는 교육 장소(향교와 서원) 등에 은행나무를 심어 보호해왔을 것이다.

은행나무 노거수의 중요성을 알게 된 우리는 그들을 보호하려고 노력한다. 줄기 중앙부가 부패하여 동공이 생겨 있으면, 내부를 청소하고, 소독한 뒤에 그 속을 우레탄 수지로 채운다. 그리고 우레탄과 줄기 틈새로 빗물이 들어가지 않도록 방수처리도 하고, 부패균이 침입하지 않도록 방부제를 발라둔다.

은행나무를 잘 보호하려면 뿌리에도 신경을 써야 한다. 뿌리가 나쁜 환경에 놓이면 잎이 제대로 자라지

충남 아산시 배방읍 중리에는 조선시대 세종 때의 맹사성 정승이 살았던 고택에 수령 630년을 헤아리는 은행나무 두 그루(모두 암나무)가 있다. 그 중의 하나는 원줄기가 완전히 죽어 외과수술을 받은 후 우레탄 수지로 덮었다. 원줄기 주변은 200~300년 전에 나온 아들과 손자목이 둘러싸고 있다.

　수령 약 700년으로 추정되는 동두천 시 지행동의 은행나무 보호수는 주변을 석축으로 쌓아 보기에는 좋으나 뿌리가 자유롭게 뻗어나가기에 불리하다. 전국 대부분의 은행나무 보호수가 이런 상태로 관리되고 있다.

않고 나무는 서서히 죽어간다. 보호수 은행나무 주변에 울타리를 설치할 때는 땅을 50cm 이상 깊이 파지 않아야 뿌리가 안전하다. 또 은행나무의 뿌리는 수관(樹冠) 바깥까지 뻗어 있다. 나무는 맨 끝 가장자리의 뿌리가 가장 왕성하게 물과 영양을 흡수하므로 이 부분의 뿌리를 잘 보호해야 한다. 만일 뿌리 가장자리 부분을 사람들이 밟도록 방치한다면, 땅이 굳어져 공기가 잘 공급되지 않을 것이며, 물리적으로 상처를 입어 뿌리들이 상하게 될 것이다. 이 부분의 뿌리는 여름에 건조하지 않아야 하고, 겨울에는 얼지 않아야 한다. 그러므로 보호수의 울타리는 가능한 넓게 설치하도록 해야 한다.

제 3 장

은행나무의 이용과 문화

🍂 은행나무의 목재로서의 가치

은행나무는 인간의 사랑을 받게 되면서 생활과 문화발전 속에서 여러 가지 이용 가치를 발견하게 되었다. 은행나무 목재는 우리 선조들이 매우 귀중하게 이용해왔다. 은행나무는 재질의 역학적 성질이 강하지 않기 때문에 고강도가 필요한 건축자재로는 적당치 않다. 그러나 은행나무는 가벼우면서 무르고 결이 고우며, 건조시켰을 때 수축률이 적고 뒤틀리거나 갈라지는 성질이 적다.

그러므로 은행나무 목재는 그늘에서 자연스럽게 건조시켜 목공예나 건축 내장재로 사용하기에 알맞은 나무였다. 특히 불교예술에서는 은행나무로 불상을 비롯하여 여러 가지 불기(佛器)와 서각재(書刻)을 제작해 왔다. 그 외에 은행나무 목재는 도장성(塗裝性)이 양호하여 다양하게 색상을 낼 수 있다. 이 나무의 단점은 자외선에 약하여 색이 변하기 쉽다는 것이다.

현재 우리나라에서는 목재용으로 은행나무를 육림해오지 않았기 때문에 대형 조각재를 다량 구하기는 어려운 형편이다. 그러나 목공

예 작가들은 은행나무를 많이 사용하고 있으므로, 앞으로 은행나무
재목은 우리의 자연 유산으로서 잘 연구하여 넉넉하게 생산할 필요
가 있을 것이다.

* 희귀한 분재의 소재

중국에서는 은행나무 분재를 1,300년 전부터 시작한 것으로 알려
져 있으며, 일본에서 은행나무 분재가 시작된 때는 서기 794～1191
년쯤인 것으로 알려져 있다. 지금은 우리나라에서도 은행나무 분재
가 다수 육성되고 있다.

특히 중국에서는 굵은 은행나무 가지로부터 석순처럼 아래로 자
란 경근체(莖根體, 유주乳柱 : 제5장 참조)를 잘라내어, 이를 뒤집어
심어 분재로 만들기도 한다. 이 경우 경근체는 뿌리와 줄기의 방향

은행나무 줄기에서 아래로 유주라 불리는 경근체가 여럿 자라 내려오고 있다.
이 경근체는 줄기와 뿌리의 성질을 가지고 있다. 중국에서는 오래 전부터 경근
체 분재를 만들기도 했다. 경근체가 있는 은행나무는 보호수로 지정되고 있다.

이 바뀌어 새로운 식물체로 자라는 놀라운 적응력을 보인 것이다. 이러한 분재는 일본에서도 오래 전부터 만들어 귀하게 취급해온 것으로 알려져 있다.

분재 전문가라면, 은행나무의 지하 뿌리를 적절히 잘라 화분에 심어서 맹아가 자라나오도록 하여, 대형 고목 뿌리에 작은 은행나무 가지가 자라는 진귀한 분재로 육성할 수 있을 가능성이 충분히 있다.

* 은행나무 수피로 만든 파티클보드

참나무 종류의 수피인 코르크를 입자 또는 칩(chip) 상태로 잘게 부수어 그것을 폴리우레탄과 같은 합성수지로 붙여 압축하고 가열하여 판자처럼 만든 것을 '코르크보드'라 한다. 한편 목재 부스러기를 입자 상태로 파쇄한 것이나 톱밥을 접착제로 붙여 만든 판자는 '파티클보드'라 한다. 파티클보드는 편편하면서 휘거나 갈라지지 않기 때문에 장롱, 책상, 찬장 등을 만들거나 벽재나 심지어 바닥재로 대량 사용한다. 가구 제조에 사용하는 파티클보드는 표면에 무늬목을 얇게 접착하여 마치 결이 아름다운 판자처럼 만든 것이다.

이와 동일한 방법으로 만든 코르크보드는 촉감이 부드러우면서 방습, 열전도에 대한 단열(斷熱) 성질이 강하고, 방음효과가 커서 소음을 차단하는 좋은 성질이 있다. 뿐만 아니라 코르크보드는 잘 마멸되지 않아 먼지가 적게 발생하고, 신축성이 있으며, 가볍고, 충격에 대한 흡수능이 뛰어나며, 진동을 감소시키는 성질도 가지고 있다. 여기에 더하여 코르크보드는 전기에 대한 절연성이 있고, 탄력이 있으며, 알레르기를 일으키지 않고, 습기에 강하면서 곰팡이도 잘 발생하지 않는 많은 장점을 가지고 있다.

오늘날 코르크보드 제조에는 참나무의 코르크를 주로 사용한다. 코르크 중에 최고의 품질은 남유럽의 스페인, 포르투갈 등지에 자라는 너도밤나무 종류인 상록의 코르크오크(*Quercus suber*)에서 벗겨낸 것으로 알려져 있다. 코르크보드는 독특한 향기를 가지며 목재색

코르크 보드는 부드럽고 색상이 자연스러워 고급 내장재로 사용된다. 은행나무 코르크보드는 방충방균성과 내열성까지 갖게 될 것이다.

이기 때문에 미관상으로 좋고, 그 색상은 햇빛을 장기간 받아도 변치 않는다. 그래서 코르크보드는 타일처럼 만들어 벽에 붙이거나 마루에 깔거나, 벽보판 또는 코르크 벽지까지 만들고 있다. 특히 코르크보드로 마루를 깔면 쿠션이 좋기도 하고, 어린이들이 뛰어다녀도 소음이 적게 생겨 아래층으로 소리가 잘 내려가지 않는다.

코르크오크는 25년 정도 자랐을 때 첫 번째 수피를 벗겨내고, 9~12년 간격으로 제2, 제3 수피 벗기기를 12회 정도 하고 있다. 이 나무는 코르크를 조심해서 벗겨내기만 하면 죽지 않고 다시 코르크(수피)를 재생한다. 코르크의 성분은 죽은 수피세포의 세포벽을 이루는 섬유질과 거기에 수베린(suberin)이라는 중합체(polymer) 성분이 포함되어 있다. 수피가 코르크화되는 것은 이 수베린 성분 때문이다. 수베린은 외부로부터 수분이 들어오는 것도 막고, 수분이 빠져나가는 것도 방지하는 성질이 있다.

은행나무는 수피가 상당히 두텁기 때문에 벌목한 은행나무로부터 수피를 벗겨낸다면 그 양이 대단히 많다. 그러나 은행나무 코르크로 바닥재나 벽재를 제조하지는 않고 있다. 또 우리나라에는 목재나 수피 생산을 목적으로 은행나무를 조림한 곳도 없다. 그러나 은행나무도 코르크오크처럼 수피(코르크)를 벗겨내어 '은행나무 파티클보드'를 만든다면, 이것은 코르크보드의 여러 특징에 더하여 방충방균 효과와 불에 잘 타지 않는 장점까지 갖게 될 것이라 생각된다.

실재로 은행나무, 참나무, 소나무, 아카시아나무 등의 수피를 동시에 태워보면, 은행나무 수피가 제일 불에 강한 것을 알 수 있다. 은행나무 수피는 단열성이 유난히 좋아 표면의 열을 내부로 잘 전하지 않는다. 수피가 검게 타더라도 내부의 부름켜 조직만 살아 있다면, 그 나무는 재생이 가능하다. 일본에 원자폭탄이 투하되었을 때 은행나무만 살아남은 중요 이유가 바로 여기에 있을 것이다.

은행나무 목재만 아니라 수피까지 잘 이용할 방법이 연구된다면, 은행나무는 대규모로 조림할 경제수목이 될 것으로 전망된다. 은행나무는 수명이 장구(長久)하므로 잘 가꾼다면, 심고 나서 20~25년 후부터 10여년을 주기로 적어도 20~30회 이상 코르크 수확을 할 수 있을 것으로 추정된다. 새만금 방조제 내에 생겨날 넓은 토지는 은행나무 조림지로 적당할 가능성이 있다. 그러나 이런 문제에 대해서는 근본적인 연구가 필요하다.

줄기 직경이 36cm인 이 은행나무는 누군가 죽일 목적으로 가을에 수피를 1m 이상 심하게 환상으로 박피했다. 그러나 이 은행나무는 잎의 생장이 이웃 나무보다 나빴지만 작은 열매까지 달고 가을까지 생존했다. 환상박피를 당한 은행나무는 제일 바깥의 살아있는 헛물관부에서 새롭게 분열조직이 생겨나 부름켜(형성층)를 형성하고, 헛물관과 체관 및 수피를 재생하는 강한 생존력을 가지고 있다. 환상박피를 해도 재생하는 나무로는 수피를 약재로 사용하는 두충나무가 유명하다.

은행나무의 씨는 훌륭한 건강식품이다. 한방에서는 이 씨에 혈액암에 대한 항암작용이 있다고 알려져 있다. 날것은 먹지 않아야 하고, 1일 10알 이상 먹지 않도록 권하고 있다.

공룡시대의 은행나무 잎은 초식공룡들의 먹이가 되었고, 그 씨는 다른 여러 동물들이 좋아하는 먹이가 되었을 것이다. 은행 씨(배젖 부분)를 현미경으로 보면, 세포 속이 저장 탄수화물인 전분립(澱粉粒)으로 가득하다. 은행 씨는 평균 34.5%의 전분과 4.7%의 단백질, 1.7%의 지방을 함유하고 있다.

은행 씨를 굽거나 기름에 튀겨 먹으면(생것은 먹지 않는다) 매우 고소한 맛과 달콤한 맛이 잘 어울려 참 맛 있다. 은행 씨는 슈퍼마켓이나 건강식품상, 한약재상 등에서 판매하고 있으며, 은행나무 재배농가에서는 인터넷을 통해 판매하고 있다. 우리의 전통음식인 약밥은 밤, 대추와 함께 은행 씨까지 넣어 만들고 있다. 또 은행 씨를 증기로 쪄서 단단한 껍질을 벗겨내고, 그 알맹이에 쌀, 두부, 버섯, 야채 등을 섞어 끓인 죽을 건강식으로 먹기도 한다.

그러나 은행 씨를 어린이가 먹거나, 한 번에 과량 먹으면 심한 부작용을 일으킬 위험이 있다. 어린이의 경우 한 번에 10개 정도 이내로 먹게 해야 안전하다. 그러나 은행 씨에 대한 부작용을 과장하여 선전한 탓으로 성인들도 잘 먹지 않으나, 성인이 해를 입은 경우는 알려져 있지 않다. 그렇지만, 성인이라도 한 번에 10개 정도만 먹는 것이 안전해 보인다. 사람에 따라 수십 개를 먹어도 아무 지장이 없기도 하다.

은행나무 씨는 전자레인지에서 가열하여 먹어도 좋다. 하얀 중종피를 깬 은행 씨를 종이 봉지에 넣고 60~90초 정도 가열하면 맛있게 익는다. 은행 씨는 반드시 중종피를 깨고 전자레인지에 넣어야 폭발하지 않는다. 중종피를 깨뜨리거나 종이 봉지에도 넣지 않고 전자레인지에 넣으면, 폭음을 내면서 튀어나오므로 위험하다.

은행 씨로 술 담그는 사람도 있다. 일반 과일주처럼 술과 함께 설탕을 많이 넣어 담근다. 알맹이가 삭은 후에 조금씩 마시면 기관지 천식과 기침에 효과가 있는 것으로 알려져 있다.

서울 중랑구의 어느 식품회사는 은행 열매 가루를 넣어 만드는 건강식품 냉면에 대한 발명특허를 얻어 통신판매하고 있다. 인터넷에서 '은행냉면' 또는 '징코냉면'이라는 검색어로 찾으면 이에 대한 정보를 얻을 수 있다.

🍂 은행잎은 가장 유명한 혈액순환 생약

역사적으로 알려진 최고의 바이오 신약은 페니실린 항생제였다. 그 다음으로 바이오 신약의 선두주자는 아마도 은행나무 잎에서 추출한 혈액순환 보조제일 것이다.

은행나무의 정자를 최초로 발견한 일본 식물학계에서는 은행나무에 대한 연구를 일찍부터 시작하고 있었다. 당시 일본 학자들은 은행나무가 가진 해충 방제 화학물질을 밝히려고 했다. 1932년에 화학자 후루카와(Furukawa)는 은행잎 추출물을 분석하여 '플라보노이드'(flavonoids)라는 물질이 다량 포함되어 있는 것을 알게 되었다. 플라보노이드는 제5장에서 설명하겠지만 잎이 노란색이 되도록 하는 색소물질 성분이다.

플라보노이드는 식물이 가진 중요한 색소 화합물로서, 주변 환경

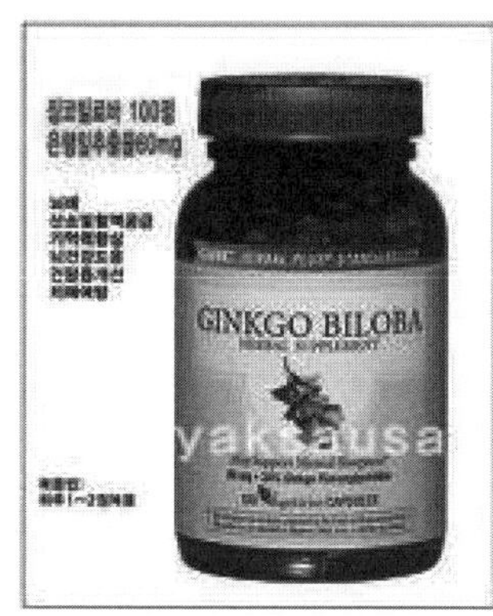

우리나라에서는 징코민, 기넥신, 써큐란, 타나민 징코빌로바 등의 이름으로 은행잎 추출물 정제가 생산되어 혈액순환을 원활하게 하고 치매 예방, 기억력 증진 등 뇌 건강을 돕는 약으로 판매하고 있다.

이 산성인가 알칼리성인가에 따라 노란색과 붉은색, 청색 및 그 중간색들을 나타낸다. 플라보노이드는 1가지 화합물이 아니라 여기에는 비슷한 화학성분과 구조를 가진 여러 화합물들이 포함되어 있으며, 이들을 총칭하는 말이다.

플라보노이드에 대한 일본 학자들의 연구는 제2차 세계대전 때문에 진전되지 않았다. 그 사이에 유럽의 화학자들은 플라보노이드의 성분들을 하나씩 순수하게 분리하여 화학구조와 성질을 밝혀나갔다. 색소이지만 이 물질은 항균, 항암, 항바이러스, 항 알레르기, 항염(抗炎) 및 항산화작용을 한다는 것이 밝혀지기 시작했다. 1960년대 이후에는 화학분석 기술이 발전하면서 더 자세하게 성분을 분석하게 되었다.

화학자들은 각종 플라보노이드가 봄, 여름, 가을 중 언제 많이 축적되어 있는지도 조사했다. 바이플라본(biflavon)이라는 플라보노이드 종류는 여름보다 가을 잎에 3배나 많이 함유되어 있다는 것을 알았다. 그러나 어떤 플라보노이드는 봄의 잎에 더 많기도 했다. 근래에 와서는 은행잎을 시험관 속에서 여러 가지 조건으로 조직배양하여 그 속에 생성된 성분의 양을 비교하기도 한다.

은행잎에서 발견된 플라보노이드 종류는 약 50종에 이른다. 이들 성분은 은행잎을 벌레로부터 보호해주는 작용도 하고, 동시에 광합성에 지장을 주는 강한 자외선을 차단하는 역할도 한다는 것이 확인되었다.

플라보노이드는 식물에서 발견되는 항산화작용을 하는 물질로서, 화학반응성이 강한 유리기(遊離基 free radical)를 제거하는 작용이 있다. 인체 내에서 유리기는 강한 산화작용을 하여 DNA와 세포막을 손상시키며, 심지어 세포가 자멸하도록(apoptosis) 할 가능성이 있는 것으로 알려져 있다. 이런 현상이 나타나면 신경세포와 심근(心筋)세포, 혈관, 망막 등의 세포를 해칠 수 있다고 한다. 또한 항산화물질은 면역기능을 강화하는 작용도 있다고 알려져 있다.

유럽 제약회사의 은행잎 연구

중국에서는 은행잎과 씨를 5,000년 전부터 생약으로 이용해왔다. 그에 따라 우리나라와 일본에서도 예부터 은행잎을 약용해왔다. 독일과 프랑스 등에는 육식을 많이 하는 습관 때문에 혈관 속의 피가 엉기는 혈전증(血栓症) 환자가 많다. 약 반세기 전, 유럽인들은 동양인들에 혈전증 환자가 적은 이유를 조사하던 중에 전통적으로 은행잎을 혈액순환제로 이용한다는 것을 알게 되었다.

은행잎의 효능을 현대의학으로 확인한 그들은 은행나무 잎에서 약제를 추출하기 위해 그 원료(말린 잎)를 한국과 일본으로부터 수입하기 시작했다. 이때부터 두 나라는 대대적으로 은행나무를 재배하기 시작했다. 초기에는 농민들이 손으로 채취한 은행잎을 수집상을 통해 가져갔으나, 한국과 일본의 인건비가 상승하면서 은행잎 공급처는 바뀌어갔다. 지금은 대부분의 은행잎을 중국, 프랑스(보르도), 미국 사우스캐롤라이나주의 유명한 은행나무 농장에서 공급받는다(제5장 참조).

은행잎 성분 중에 약효를 가졌다고 인정되는 물질이 현재까지 적어도 40여 가지 알려져 있다. 이들 중에서 가장 중요한 약효 성분은 앞에서 말한 '플라보노이드' 즉 '플라본 글리코사이드'(flavone glycosides = flovonoids)와 '터펜 락톤'(terpene lactones = terpenoids) 2가지 계통 성분이다. 이 두 계통에는 각기 여러 성분이 포함되어 있다. 이 중에 플라본 글리고사이드는 깅골라이드(ginkgolide) 또는

Ginkgolides

	R1	R2	R3
Ginkgolide A	OH	H	H
Ginkgolide B	OH	OH	H
Ginkgolide C	OH	OH	OH
Ginkgolide J	OH	H	OH
Ginkgolide M	H	OH	OH

깅골라이드의 화학구조를 나타낸다. 깅고라이드에는 A, B, C, J, M 등 여러 가지가 알려져 있다.

빌로발라이드(bilobalide)라 불리기도 하고, 터펜 락톤은 단순히 터펜 또는 터페노이드라 칭하기도 한다.

이 중의 터펜 락톤 성분은 혈액응고를 일으키는 혈소판의 작용(엉겨 붙음)을 억제함으로써 혈액을 묽게 하는 효과(blood-thinning effect)가 있어, 혈액의 흐름을 원활하게 하고, 말초혈관을 확장한다는 사실이 밝혀졌다. 혈액 응고를 방지하는 작용은 특히 뇌혈관의 건강에 중요한 기능이다. 은행잎 추출물의 효과가 여러 가지 알려져 있지만, 가장 중요한 약효는 바로 혈액 응고 방지 효과로 모세혈관의 혈액 흐름을 원활하게 하고, 뇌와 심혈관계에서 일어날 수 있는 동맥경화를 방지하는 것이다.

독일에서는 1950년대 말부터 은행잎의 약효에 대한 연구가 시작되었다. 의사이며 식물학자인 슈바베(Willam Schwabe) 박사는 동양의학에서 중요시하는 은행잎의 성분을 분석하여, 자신의 회사인 칼스루헤(Karlsruhe Co.)에서 1965년부터 '테보닌'(Tebonin, GBE 761, GBE 등으로 부름)이라는 브랜드로 추출액과 정제를 생산하기 시작했다. 처음에는 마른 은행잎 10kg에서 1kg의 추출액을 생산했으나 나중에는 잎 50kg에서 1kg을 정제(精製)하게 되었다.

은행잎 정제(테보닌, GBE)를 생산할 때는 건조한 은행잎을 아세톤에 담가 녹여내기를 시작으로 20여 회 처리과정을 거친다. 완제품 추출액에는 플라본 글리코사이드가 22~27%(평균 24%), 터펜 락톤(terpene lactone)은 5~7%(평균 6%) 함유되어 있다. 이 표준 추출액은 다른 성분이 포함되지 않도록 엄격하게 정제한다.

GBE 생산용 은행나무는 품질 보장을 위해 재배 단계부터 까다롭게 관리한다. GBE 생산 은행나무는 농약을 사용해서는 안 되며, 잎에 중금속, 세균, 곰팡이 독소(aflatoxin), 산화에틸렌과 같은 물질이 오염되지 않아야 한다. 추출액의 정제 과정은 복잡하다. 성분 속에 위험을 초래할 수 있는 독소 물질이 포함되어서는 안 되기 때문이다. 또 소화관에서 흡수되기 어렵다거나, 다른 성분과 결합하여 침전물이 될 가능성이 있는 성분(타닌 등)도 모두 제거한다.

오늘날에는 중국에서도 GBE 원액을 생산하고 있다. 그 동안 알려진 GBE의 효과를 종합하면 다음과 같다. 대체적으로 GBE의 효과는 노령화에 의해 나타나는 여러 증상을 완화 또는 호전시키는 것들이다.

1) 혈관 확장으로 모세혈관을 비롯한 혈액 순환을 증진한다. 그에 따라 혈압을 내리는 작용을 한다. 그러므로 평소 혈압강하제를 복용하고 있는 사람이 GBE를 먹으려 한다면, 의사와 상담하는 것이 좋다.

2) 산화작용에 의한 세포의 손상을 항산화작용으로 방지한다.

3) 혈소판의 부착을 억제하여 혈액 응고를 방지한다.

4) 노화에 따라 나타나는 기억력 감소, 집중력 감소, 정서 불안정에 도움이 되며, 사고력, 학습 능력, 기억력 증진 효과가 있다. 은행잎은 머리를 좋게 하는 약초로 알려져 있다.

5) 기분을 상승시켜 일상생활의 활동성 증진, 사회 활동성 증진, 의기소침 억제 효과가 있다.

6) 신경계 이상이나 혈액순환 장애로 발생하는 이명(耳鳴) 현상 완화. 1일 120~240mg의 GBE를 복용했을 때, 기억력 감소 방지, 우울 증세 억제, 이명 등의 증상이 8~12주 후에 호전될 수 있다. (Morgenstern and Biermann, 1997)

7) 치매(알츠하이머병) 예방에 도움이 된다고 하여 널리 이용되고 있다. 이에 대한 연구 결과가 모두 일치하는 것은 아니지만, 노인들의 기억력을 증진시키고 집중력을 높인다는 보고가 있는 반면에, 이를 인정하기 어렵다는 연구 결과도 있어 확실성이 논란되고 있다.(87쪽 참고)

8) 세계보건기구(WHO)는 GBE가 뇌혈관 기능을 보완하는 작용이 있으며, 말초혈관 폐색(peripheral arterial occlusive) 방지에도 효과가 있다고 발표했다. 뇌혈관으로 혈액이 충분히 수송되지 못하면, 기억력과 집중력이 감퇴하고 두통이 생길 수 있다. 그리고 말초혈관 폐색증이 있으면 손가락, 발가락, 코, 귀와 같은 말초 부분이 마비되거나 시린 레이노병(Raynaud's disease)이 발생하고, 하지에 혈액이 충

분히 흐르지 않아 조금만 걸으면 다리에 통증이 생겨 걸을 때 절룩
거리게 되는 '간헐성파행'이 생길 수 있다.

9) GBE는 별다른 부작용 없이 인지력(認知力)을 증진하고 피로를
완화시킨다는 보고가 있다.

10) 2003년에는 인도 찬디가르의 의학교육연구소 피부과에서 은
행잎 추출물이 백피증(白皮症 vitiligo)의 진행을 막아주는 효과가 있
다고 했다.

11) 고도 4,900m의 히말라야 베이스켐프에 오른 산악인들에게 1
일 2알을 먹게 한 결과, 고산병 증세로 나타나는 두통, 현기증, 숨

은행잎 추출액(GBE)은 전 세계에서 혈액순환 증진과 뇌신경 생약으로 판매되
고 있다. 우리나라에서는 일찍부터 여러 제약회사가 보급하고 있다.

가쁨, 구토, 메스꺼움 등을 호소하는 사람이 플라세보(위약僞藥) 처방보다 조금 적게 나타났으며, 추위로 인한 오한, 쑤심, 마비, 팔다리가 붓는 증상 등도 감소했다. 이는 폐 기능을 증진시킨 결과로 생각된다.(Rocin et al. 1996)

12. GBE가 혈액 속의 당분 양을 감소시키는 작용이 있다는 보고도 있다.

13. 남녀 모두의 성기능(욕망, 흥분, 오르가슴) 증진 효과가 있다. 이것은 생식기관의 혈액순환이 호전된 결과라고 추측하고 있다.(Cohen and Bartik, 1998)

이상의 의학적 효과들이 세계적으로 알려지면서 GBE는 캡슐, 정제, 액약(液藥) 또는 건조한 은행잎 차(茶)로 만들어 널리 보급되고 있다. 미국 식품안전국(FDA)에서는 GBE에 부작용이 거의 없다고 발표했다. 그러나 어린이에게는 먹이지 않도록 하고 있다.

🍃 치매 효과를 의심한 연구

고령화에 따라 65세 이후에 주로 나타나는 치매 현상은 모든 노인이 두려워하는 증상의 하나이다. 선진국의 경우 치매는 사회적 비용이 가장 많이 드는 병이다. 치매의 원인은 아직 확실하게 규명되지 못하고 있으며, 발병하고 나면 치료방법도 없다. 일반적으로 치매를 예방하려면 정신적인 자극을 꾸준히 받도록 하고, 규칙적으로 운동하며, 음식을 균형 있게 취할 것을 권하고 있다.

유럽 여러 나라에서는 GBE가 뇌 속의 혈액 흐름을 원활하게 하고, 신경세포를 보호하는 작용을 하기 때문에 치매 방지에 효과가 있다는 연구 보고가 나오면서 치매 예방약으로 널리 이용되어 왔다. 은행나무 잎은 기억력을 증진시킨다고 하여 '브레인 허브'((brain herb)라 불리기도 했다. 치매 예방약으로서 GBE의 중요 효과는 다음과 같이 간단히 설명되고 있다.

  1. 사고력, 학습력, 기억력을 증진한다.
  2. 일생생활에서 활동성을 증진한다.
  3. 사회성을 증진한다.
  4. 우울증세를 감소시킨다.

그러나 유감스럽게도 2008년 11월 18일, <The New York Times>는 GBE의 치매 치료 효과를 의심하는 연구 결과를 자세히 보도했다. 버지니아 의과대학의 스티븐 디코스키(Steaven T. DeKosky) 박사가 <The Journal of the American Medical Association>에 발표한 논문을 소개한 것이다. 그는 임상실험에 지원해온 75세 이상의 노인 3,069명을 대상으로, 절반의 노인에게는 매일 120mg의 GBE 정제를 2회로 나누어 복용토록 하고, 나머지 절반에게는 플라세보 정제를 투약하기를 6.1년간 계속하면서 6개월마다 치매 상태를 조사했다.

실험 대상자 중 482명은 치매 증상이 약간 있고 나머지 대부분은 정상인 노인들이었다. 실험 기간 중에 523명이 치매 증상을 보이는 사람으로 진단되었는데, 이 중에 246명(16.1%)은 플라세보 정제 투약자들이었고, 17.9%는 GBE 투약자들이었다. 이 결과를 두고 디코스키 박사는 이렇게 결론을 내렸다. "만일 70대 중반 이상의 사람이 치매 예방을 위해 이 약을 먹으려 한다면, 별로 도움이 되지 않는다."

이 발표가 있기 전, 미국 리버티 대학의 건강운동기능학과의 조지프 믹스(Joseph Mix) 박사는 "60대 이상의 사람이 GBE를 6주 이상 복용하면 뇌혈관의 혈액 순환과 항산화작용 증진 효과가 있음을 발견했다."고 발표하고 있었다. GBE의 효과를 의심하지 않던 2007년에는 미국 내에서만 GBE 약제 판매액이 2억 4,900만 달러였다. 그러므로 치매 효과를 의심케 한 디코스키 박사의 연구 결과는 제약계와 이용자들에게 충격이었다.

이 발표에 대해 독일의 슈바베 GBE 제약회사(Dr. Willmar Schwabe GmbH & Co.)의 대표인 미카엘 하베(Michael Habe) 박사

는 그들 회사의 연구에서는 치매 발생률을 60%나 감소시켰다고 주장하면서, "현재 프랑스에서 다른 대규모 임상실험을 하고 있으므로 그 결과가 나오면 최종 결론을 내릴 것이다."고 했다.

GBE의 효과에 대한 논란을 보면서, "은행나무 잎의 신비적인 약효 성분이 화학적인 방법으로 추출한 GBE에 충분히 녹아 있을까?" 하는 의문을 가지면서, 연구가 더 진행되기를 기대한다.

🌿 약효가 가장 좋은 수확기

혈액순환 기능 보조제 생산을 위한 은행잎 수확 적기는 약효 성분이 가장 많은 때인 잎이 노랗게 변하기 직전이다. 이 기간에 수확한 잎은 제약(製藥)만 아니라, 은행잎 차, 은행잎 술을 만들어 마실 수 있고, 샴푸에도 첨가하고 있다.

일부 농장에서는 해충이 은행잎을 갉아먹지 않는 것은 해충이 싫어하는 화학성분이 함유되어 있기 때문이라고 믿어, 은행잎을 농장이나 밭에 흩어두어 해충 접근 방지도 하고 비료가 되도록 하고 있다. 예로부터 우리 선조들은 노랗게 물든 은행잎을 책갈피에 끼우기 좋아했다. 그 잎은 가을을 상징하기도 했지만, 종이를 갉아먹는 좀을 방지한다고 믿었기 때문이다.

오늘날에 와서 천연물 의약이 인기를 얻고 있다. 현재 전체 의약품 시장의 20%를 천연물 의약이 차지하고 있기 때문에, 전 세계의 제약업체들은 '천연 의약' 신제품 개발과 판매 경쟁을 벌인다. 예를 들어 다국적 제약회사 BMS는 주목(Taxus)으로부터 탁솔(Taxol)이라는 항암제를 개발하여 연간 12억 달러 이상 매출을 올리고 있는 것으로 알려져 있다. 이런 가운데 독일은 일찍이 은행잎에서 추출한 GBE 약제를 연간 20억 달러 이상 매출하고 있다. 파이자와 같은 제약회사는 2006년에 식물과학연구소를 설립하여 천연물 의약을 적극 개발하고 있다. 은행나무 추출물의 약효를 연구하는 과학자들은

"은행나무는 인류의 미래에 더 중요한 식물이 될 것이다."고 말하고
있다.

* 은행잎 약제의 부작용

GBE의 부작용은 거의 없는 것으로 알려져 있다. 그러나 드물게
장(腸)의 불편, 구토, 설사, 두통, 현기증, 심장 두근거림, 피곤 등의
부작용이 보고되었다. 이런 부작용을 느끼면 복용을 중단해야 할 것
이다.

어린이와 간질환자, 그리고 임신부는 GBE 복용을 하지 않는 것이
안전하다. 그 외 GBE는 혈액응고를 방지하는 작용이 있으므로, 평
소 혈액응고방지제를 복용하는 사람은 먹어서는 안 된다. 또한 당뇨
환자도 먹지 않아야 한다. GBE를 다른 약제와 함께 복용했을 때
나타나는 부작용은 아직 발견되지 않았다.

은행나무 씨의 약효

중국의 한의학서 <상한론>(傷寒論)을 비롯한 여러 의서(醫書)에는
감기와 기침, 관절통, 신경통 등을 치료하는 탕제(湯劑)로 은행나무
씨(杏仁)를 넣는 처방이 몇 가지 실려 있다. 1)계지가후박향인탕(桂
枝加厚朴杏仁湯) 2)마황탕(麻黃湯), 3)소청룡탕합마행감석탕(小靑龍湯
合麻杏甘石湯), 4)마행감석탕(麻杏甘石湯), 5)행소산(杏蘇散, 6)신비탕
(神秘湯), 7)마행의감탕(麻杏薏甘湯) 등이 그들이다. 이 중에 1-6번은
모두 감기, 천식, 기관지염에 대한 처방이고, 7번은 관절·신경·근
육통에 대한 처방이다.

1. 계지가후박행인탕(桂枝加厚朴杏仁湯**)** : 계피, 작약, 대조(大棗 대
추), 감초, 후박, 생강과 함께 은행 씨(杏仁)를 첨가하는 이 약제는 감
기로 발열하고 오한이 있으며, 땀이 나고, 가쁜 숨을 몰아쉬는 사람,
혹은 심한 기침을 계속하는 사람, 감기에 걸리면 반드시 천식(喘息)이

나오는 사람, 경증의 기관지염에 약효가 있다고 기록되어 있다.

2. **마황탕**(麻黃湯) : 마황, 계피, 감초, 행인으로 이루어진 탕으로, 감기 초기에 한기가 들고 두통이 나며, 마디마디가 아픈 경우, 코감기, 기관지천식에 대한 처방이다.

3. **소청룡탕합마행감석탕**(小靑龍湯合麻杏甘石湯) : 마황, 작약, 마른 생강, 감초, 계피, 세신(細辛 족두리풀 뿌리), 오미자, 반하(半夏 천남성과 식물), 석고(石膏)와 함께 은행 씨를 넣은 이 처방은 기관지천식, 소아천식, 기침에 효과가 있다고 기록되어 있다.

4. **마행감석탕**(麻杏甘石湯) : 마황, 감초, 석고와 함께 은행 씨를 처방한 이 약제는 기침이 심하고 발작 시에 천식과 함께 머리에 땀을 흘리는 사람, 기관지 천식, 기관지염, 백일해, 폐렴의 기침에 효과가 있다고 기록되어 있다.

5. **행소산**(杏蘇散) : 소엽(蘇葉), 오미자, 감초, 마황 등과 함께 은행 씨를 추가하는 이 탕제 역시 천식, 만성기관지염, 안면 부종 증상에 효과가 있다고 기록되어 있다.

6. **신비탕**(神秘湯) : 마황, 호박, 감초, 진피(陳皮 귤껍질), 소엽(蘇葉) 등과 함께 은행 씨를 넣은 처방은 소아천식, 기관지천식, 기관지염의 약으로 소개되어 있다.

7. **마행의감탕**(麻杏薏甘湯) : 마황, 의이인(薏苡仁)과 함께 은행 씨를 첨가한 이 처방은 관절통, 신경통, 근육통의 탕제이다.

또한 Li Shih-Chen(1578)이 쓴 <Great Herbal>에는 은행 씨가 천식, 감기, 신경 과민, 신장병, 해독 등에 효과가 있다고 기록하고 있다. 이 외에 중국 의서(醫書)에는 은행잎을 피부병, 두통, 기미, 동상, 상처 치료에 이용한다고 기록되어 있다.

한국, 중국, 일본에서는 은행나무 씨를 약용 외에 귀한 식품으로 취급한다. 우리나라에서는 주로 구워먹거나 전골과 약밥의 재료, 술 안주 등으로 사용하고, 중국인들은 정력 강화작용도 있다고 생각하며, 일본에서는 씨를 이용하여 '차완무시'라는 요리를 만들기도 한다.

은행나무 씨를 한꺼번에 너무 많이 먹은 뒤에 심하게 경련을 하거나 죽는 사건이 발생한다. 일반적으로 씨를 먹고 나서 1~2시간 지나 경련을 일으키고 혼수상태가 되며, 목숨을 잃기도 하는데, 특히 6세 이하의 어린이들이 더 위험하다. 은행 씨를 많이 먹던 과거에는 이런 일이 자주 있었다. 은행 씨를 먹고 부작용으로 죽거나 고생하는 일은 식량이 부족한 흉년에 어린이들에게 더 자주 발생했다.

일본의 통계에 의하면, 1960년대에 씨를 먹고 부작용이 일어난 45명 가운데 약 20%가 사망했으며, 그중 75%는 6세 이하 어린이였다고 한다. 1980년대 이후로는 은행 씨의 부작용으로 피해를 입은 사람이 소수였으며, 죽은 사람은 아무도 없었다. 이것은 은행 씨를 먹는 사람도 감소하고, 치료약이 개발된 덕분일 것이다.

은행 씨(배젖)에는 많은 영양분이 들어 있다. 씨 속의 영양분은 씨눈(유배幼胚)이 뿌리와 잎을 내면서 자라나올 때 영양분이 된다. 과학자들은 씨

과거 가난하던 시절에는 은행 씨를 먹은 어린이가 부작용으로 목숨을 잃기도 했다. 오늘날에는 이런 사고가 극히 드물며, 응급 치료약도 개발되어 있다.

속의 어떤 성분이 인체에 부작용을 일으키는지 1930년대부터 연구했다. 과학자들은 증세의 특징이 '시안화 글리코사이드'라는 독물질의 부작용과 비슷하다고 생각했으나, 조사 결과 그런 성분은 없었다. 고바야시(1959)는 씨의 추출물을 실험동물(기니아피그)에게 먹여 보았다. 1~2시간 지나자 기니아피그는 다리 마비 증세를 보이면서 경련을 했다. 다음에는 독소 성분만을 순수하게 분리하여 기니어피그에게 먹이자, 똑같은 경련반응을 일으켰다. 고바야시는 이 물질에 깅고톡신(ginkgotoxin)이라는 이름을 붙였다.

이후 깅고톡신의 분자식이 밝혀졌으며, 이 물질은 화학용어로 간단히 MPN(4-O-methylpyridoxin, $C_9H_{13}NO_3$)이라 부른다. 은행 씨 1개에는 약 80마이크로그램의 MPN이 포함되어 있으며, 이것은 요리를 하거나 열을 가해도 파괴되지 않는다. 훗날 계속된 연구에서 MPN은 기니어피그만 아니라 쥐, 고양이, 개, 토끼, 원숭이와 같은 동물에게 먹여도 같은 증상이 나타나는 것을 알게 되었다. 나아가 MPN은 비타민 B6의 작용을 억제하는 성질이 있음을 발견하게 되었다. 비타민 B6의 화학명칭은 '피리독신'이다. 이 연구가 알려진 뒤부터 은행 씨에 중독되면 피리독신(B6)을 먹으면 치료할 수 있다는 것을 알게 되었다.

계속된 연구에서 MPN은 뇌 활동에 필요한 'GABA'(4-aminobutyric acid)라는 물질의 합성을 방해하는데, 뇌에 GABA가 부족하면 뇌 활동에 필요한 신경전달물질의 작용이 억제된다는 것을 알게 되었다. 연구자들은 MPN이 기니아피그의 뇌에 주는 영향을 정밀 조사하기 위해 뇌파의 변화를 측정하기도 하고, 뇌의 혈액 흐름을 추적하기도 했다. 결국 MPN을 먹은 기니어피그는 1시간 정도 만에 심장 근육 수축이 멈추어 발작을 일으키다가 죽게 된다는 것을 알게 되었다.

연구자들은 MPN과 GABA의 관계를 연구하게 되었고, 도파민이라든가 세로토닌과 같은 신경전달물질과의 관계에 대해서도 여러 가지 정보를 얻게 되었다. 그러나 MPN이 실험동물에 미치는 영향에 대해서는 조사가 이루어졌으나, 인체 영향에 대해서는 별로 연구가 진전되지 못했다. 어른의 부주의로 은행 씨를 50알 먹고 경련을 일으킨 21개월 된 남자 아이의 혈청을 조사한 임상연구의 예가 1997년에 처음 있었다.

은행 씨의 성분이 뇌에 미치는 영향에 대한 연구는 뇌과학이기 때문에 첨단의 의학지식과 실험 및 진단장비가 필요하며, 연구는 매우 조심스럽게 진행되었다. 결론적으로, 6세 이하의 어린이는 은행 씨를 절대 먹지 않도록 해야 하며, 어른이라도 한번에 50알 이상은 먹지 않아야 안전하다. 매우 흥미로운 사실은, 은행 씨를 먹고 일어난 부작용을 진정시키는 약이 은행나무 잎에서 추출한 GBE의 중요 성분에 들어 있다는 것이다.

사람들은 은행 씨를 쥐나 새들이 먹을 것이라고 생각한다. 그러나 그들이 먹지 않는 이유는 은행나무 씨에 부작용을 일으키는 성분이 함유되어 있기 때문이라 생각된다. 이에 대한 연구는 매우 부족하므로. 은행 씨를 먹는 동물이 없다는 것은 큰 의문의 하나이다.

🌿 은행나무 씨 외종피의 알레르기

땅에 떨어지거나 매달린 은행나무 열매를 맨손으로 채집한 뒤에 피부에 알레르기 피부염이 발생하여 고생하는 사람이 흔히 있다. 동물들은 은행나무 열매를 먹지 않지만, 사람은 씨를 먹기 위해 수확을 한다. 이때 물렁한 외종피 속의 어떤 성분에 민감한 체질을 가진 사람은 옻이 오른 것과 비슷한 심한 부작용이 나타난다.

나무에서 떨어지기 전, 씨를 감싸고 있는 외종피(일반 식물의 종피에 해당)에는 '비오볼'(bilobol $C_{21}H_{34}O_2$)이라는 점액질 성분이 포함되어 있다. 사람들 중에는 이 물질에 대해 심하게 피부 알레르기를 일으켜 염증이나 물집이 생길 수 있다. 그러므로 은행 열매를 수

중국(Harbin Yeekong Herb Inc.)에서 생산한 은행잎 추출 건강보조식품이다. 중국에서는 여러 회사가 이와 비슷한 제품을 생산하고 있다.

확할 때는 반드시 고무장갑을 끼고 만져야 안전하다.

접촉성 피부염을 일으키는 외종피 속의 알레르기 물질에 대한 연구는 1927~1930년대부터 이루어졌다. 이후 과학자들은 외종피에서 추출한 여러 성분을 쥐, 토끼, 원숭이 등의 피부에 발라두었을 때 빌로볼이 가장 심하게 피부염을 일으키는 물질임을 알게 되었다. 접촉성 피부염을 일으키는 식물은 은행나무 열매 외에도 여러 가지 있다. 그러므로 피부과학에서는 지금도 이들 성분에 대한 연구가 이루어지고 있으며 치료제도 개발하고 있다.

사람에 따라서는 은행나무 열매에만 아니라 은행잎에 대해서도 알레르기를 일으키는 경우가 있는데, 이런 사람은 잎에 포함된 알킬 페놀(alkylphenol)이라는 화학 성분 때문이다. 사람의 피부에 알레르기를 일으키는 물질은 은행나무 외에 옻나무, 담쟁이, 망고와 같은 식물에도 있으며, 그 화학 성분은 우루시올(urushiol)이라는 물질이다.

🍂 은행나무 잎은 훌륭한 디자인 소재

동양에서는 어떤 나무들보다 장수하는 은행나무를 신성시하여 존경하고 숭배했으며, 단결, 영원, 신비, 희망, 사랑 등의 상징으로 여기기도 했다. 따라서 은행나무 잎은 온갖 도자기와 부채, 벽화 등의 무늬와 도안 소재가 되었다. 일본의 경우를 보면, 에도시대의 귀족 여성들의 독특한 헤어스타일은 은행나무 잎을 형상화하고 있으며,

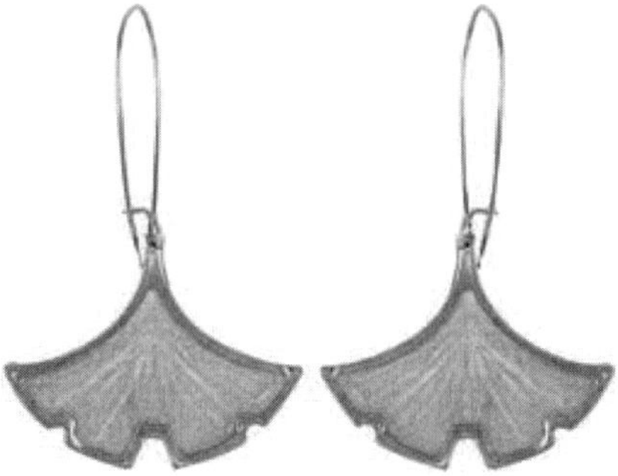

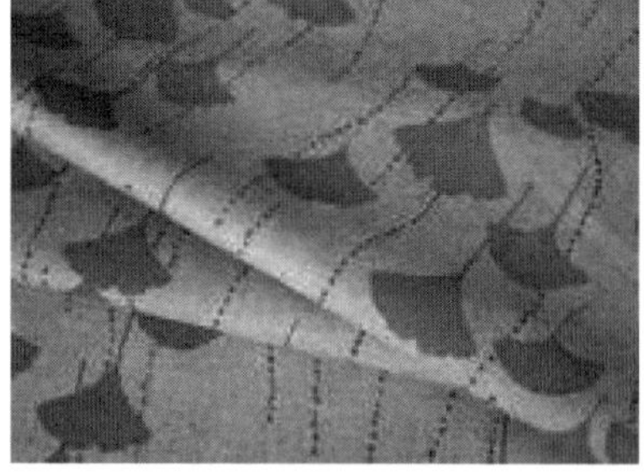

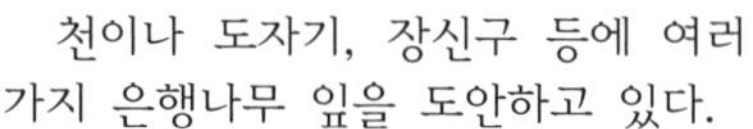

천이나 도자기, 장신구 등에 여러
가지 은행나무 잎을 도안하고 있다.

당시 무사들과 씨름꾼들의 머리 모양도 은행잎을 닮아 있다. 특히 씨름꾼들이 머리카락을 은행잎 모양으로 다듬어 뒷머리 중앙에서 잎자루처럼 묶어둔 것은 경기 중에 뒤로 넘어졌을 때 머리를 보호하는 역할을 한다.

은행잎으로 디자인 된 몇 가지 문양과 제품을 보면 매우 우아한 아름다움을 느끼게 한다. 은행잎 문양은 디자인에서 많은 가능성을 가지고 있다.

냉장고 김치 냄새를 탈취시킨 은행나무 열매

집안의 냉장고 문을 열면 그때마다 김치 냄새가 거실 소파까지 풍겨 나온다. 가정에서는 이 냄새를 줄이기 위해 작은 그릇에 커피 열매의 찌꺼기를 담아 넣어두기도 하고, 시중에서 탈취제를 구입하여 넣기도 한다. 탈취제에는 음식냄새보다 더 강한 냄새를 풍기도록 만든 방향제가 있고, 강력한 산화력이 있어 냄새 분자를 분해시키는 탈취제가 있다. 일반적으로 잘 알려진 활성탄(숯가루)은 냄새 분자를 흡착하여 탈취 효과를 낸다. 또 최근에는 공기청정기를 사용하여 냄새를 감소시키기도 한다. 공기청정기는 냉장고 밖에 두는 것이므로 냉장고의 음식 냄새를 줄이는 데는 실제적인 효과가 크지 못하다.

이런 냄새 제거 방법은 정기적으로 탈취제를 새것으로 바꿔주어야 한다. 많은 경우 선전만큼 탈취 효과가 느껴지지 않는다. 만일 방향제의 냄새가 너무 진하거나 하면 오히려 더 나쁜 냄새가 되기도 한다.

필자와 가까운 지혜로운 생활인 K씨는 은행나무 열매를 이용하여 냉장고의 강한 김치 냄새를 제거하고 있다. 노랗게 익어 떨어진 은행나무 열매를 집게로 집어 냄새를 맡아보면 심한 악취가 난다. 만약 손으로 만졌다면 손에서도 냄새가 묻어날 정도이다. 그러나 코와의 거리가 조금 떨어지면 냄새는 잘 느껴지지 않는다.

그는 이런 농익은 열매를 작은 병이나 간장종지에 4-5개 담아 뚜껑을 하지 않은 상태로 냉장고에 넣어두고 있다. 이렇게 하면 냉장고에서 나는 김치를 비롯한 음식냄새가 놀랍도록 줄어든다. 그 이유는 확실하게 알 수 없지만, 생활 지혜 속에서 경험으로 찾아낸 탈취 방법이다. 탈취 효과를 낸 원인은 은행나무 열매의 악취가 음식의 냄새와 중화반응을 일으킨 것으로 생각된다.

냉장고에 한 번 넣어둔 열매는 거의 1년이 되어도 탈취 효과를 유지하고 있다고 했다. K씨는 탈취 효과가 없어졌을 때 교환해주기 위해 여분의 열매를 냉동 칸에 보관해두고 있다. K씨는 3년 전, 냉장고 문을 열 때마다 거실에 퍼지는 냄새가 싫어 그것을 상쇄시킬 방법으로 우연히 은행나무 열매를 냉장고에 넣어두었다고 한다. K씨는 3칸 냉장고 칸마다 은행나무 열매를 5개씩 놓아두고 있다.

그분의 생활 아이디어를 알게 된 필자는 같은 방법으로 김치냉장고에서 실험을 했다. 2개의 김치 냉장고 중에 한쪽에만 5개의 열매를 넣어두었다. 그 결과 24시간 후 은행 열매를 넣어둔 김치냉장고에서는 냄새가 훨씬 적게 났다. 다시 열매를 꺼내 바꾸어 김치 냉장고에 넣었다. 24시간이 지난 뒤, 은행나무 열매를 넣어둔 김치 냉장고에서는 문을 열고 선 자세의 필자 코까지 냄새가 거의 풍겨 나오지 않았다.

은행나무 열매를 냉장고 속에 오래도록 두면 서서히 건조하여 말린 대추 표면처럼 주름지면서 흑갈색이 된다. 이것은 단단하다. 이때는 나쁜 냄새도 나지 않는다. 그렇지만 탈취작용은 계속된다. 김치의 냄새는 유산균이 번성하면서 채소의 당분을 젖산으로 변화시켜 나오는 젖산 향이다. 김치가 다 익고 나면 유산균의 활동은 정지하고 다른 균들이 번식하게 되어 김치의 맛과 향은 조금씩 변해간다.

은행나무 열매가 가진 탈취 효과는 화학자들에게 중요한 연구 대상이라 믿으며, 김치만 아니라 화장실 등의 다른 탈취 용도로도 이용될 수 있을 것으로 보인다.

🍃 세계의 은행나무 대규모 농장

세계적으로 은행나무 잎의 수요가 증가하자 미국 사우스캐롤라이나 주의 섬터(Sumter)에는 약 1천만 주의 은행나무를 재배하는 대규모 농장이 생겨났다. 미국에서는 많은 사람이 평소 복용하는 비타민-미네랄 제제에 심장병이라든가 뇌출혈 등을 예방하도록 소량의 은행잎 추출물(GBE)을 첨가하고 있기 때문에 은행잎 수요가 많아진 것이다. 미국은 이 농장에서 생산된 은행잎만으로는 부족하여 일부는 프랑스 보르도 근처의 은행나무 농장에서 공급받고 있다.

섬터의 대규모 농장 규모는 400ha(1ha은 3.000평)에 달하는데, 사질 토양에 1m 간격으로 은행나무를 키우고 있다. 이곳에서는 은행나무를 키가 낮은 관목처럼 재배하여 잎을 수확하는데, 파종 후에 4~5년 자란 어린 나무를 대형 수확기(목화 수확기를 닮음)로 지면 부위에서 모조리 베어 기계적으로 잎을 따낸다. 이런 식으로 5년간 베어내고 나면, 전부 뽑아내고 새 묘목을 심는다.

잎 수확은 7월 중순부터 시작하는데, 기온이 시원한 저녁 7시부터 새벽 1시 반 또는 5시 사이에 가지 베기와 잎 따기를 끝내고, 바로 건조 과정에 들어간다. 건조는 저녁 7시 전에 끝낸다. 건조시간이 12시간을 초과하면 잎이 분해되기 시작하기 때문이다. 이 농장으로부터 은행잎을 매입한 제약회사에서는 이를 잘게 썰어 27차례의 과정을 거쳐 GBE를 정제한다. 여기에 소비되는 시간은 약 2주라고 한다.

1990년대만 해도 우리나라 농촌에서는 은행나무를 잎과 씨를 생산하는 경제성 있는 유실수로 권장하고 있었다. 그 때문에 전국의 농가에서는 주변에 자라는 감나무 등을 베어내고 대신 은행나무를 심었다. 당시 은행나무를 권장한 이유는 다음과 같다.

1. 재배에 노동력이 적게 든다.
2. 재배법이 까다롭지 않다.
3. 우리나라 전역에서 재배 가능하다.
4. 해마다 수확량이 증가한다.
5. 수명이 길고, 병충해가 없어 생산비가 적게 든다.
6. 미국, 유럽 등지로 수출이 유망하다.
7. 세계로 수출되고 있다.
8. 단위면적당 수확량이 많다.
9. 결실은 해걸이를 하지 않는다.
10. 전업이 아니라도 부업으로 좋은 수입원이 된다.

그러나 이러한 사정은 우리의 식생활 변화와 중국에서 은행 씨와 잎이 대량 생산되면서 은행나무 재배는 경제성을 잃어버리고 말았다. 그 사이에 여러 농가에서 정성껏 키운 은행나무들은 이제 모두 열매를 맺는 성목(成木)이 되었다.

충청남도 예산군은 은행나무를 군목(郡木)으로 삼고 있는 은행 주산지의 하나이다. 2010년, 전국의 은행 열매 총생산량 3,600톤 가운데, 37.5%인 1,350톤을 이곳 농가(농가 수 3,300여 호, 면적 약 200hr)에서 생산했다. 은행나무 농사를 지원하는 예산농업기술센터는 2010년에 은행잎을 발효시켜 친환경 수용성 살균제를 개발하여 보급하기도 했다. 그러나 근년에 와서 중국의 은행 씨가 수입되면서부터, 전국 여러 지역에서 은행나무 씨 생산이 주춤한 상태에 있다.

2004년에만 해도 우리나라 산림조합중앙회가 발간하는 잡지 <삼림> 통권 466호(2004. 11)에는 "은행나무는 우리나라를 부강하게 할 귀중한 자원'이라는 기사가 실리고 있었다. 그러나 2010년에 이르자, 대부분의 농산물이 그렇듯이, 우리나라는 은행나무 잎과 열매까지 중국의 공격을 받게 되었다. 일본의 은행나무 농장은 중국의 은행나무 때문에 초토화된 지 이미 오래였다.

2000년대 초의 전 세계 은행나무 열매 수요량은 약 30,000톤이었다. 현재 중국 전역의 은행나무 식재 현황을 보면, 우리나라는 도저히 경쟁할 수 없는 실정이다. 2000년의 우리나라 은행 씨 생산량은 약 1,076톤, 2010년에는 3,600톤이었으나, 그 이후 많은 지역에서는 땅에 떨어진 은행 씨를 수확조차 하지 않는 형편이다.

현재 중국은 대규모 은행나무 농장을 조성하고 있으므로 잎과 종실의 생산량이 해마다 급증할 것이다. 다음은 2010년 초에 알려진 중국의 대표적인 은행나무 재배단지 규모이다.

장쑤성 타이싱 : 300만 그루

산둥성 : 중국 최대 은행나무 단지를 목표로 총 10억 그루를 재배할 계획

허난성 광산현 : 1억 그루

광시성 하천 : 큰 나무가 25,000그루 자라고 있고, 새로 15만 그루를 식재

광둥성 난슝현 : 420만 그루 식재

옌타이시 하이양 은행재배단지 : 15만 평

광시 바이써 지구 : 150만 평에 5만 주 식재, 목표 연산 4,000톤

광시 구이린시 링콴현 : 중국 4대 은행생산지로서, 300만평에 340만 그루를 심어 연간 5,000톤 생산

장쑤성 창춘 묘포유한회사 : 60만평의 농장

장쑤성 선보진 : 60만평에 30만 그루 식재하고 있으며, 씨 연산 3,000톤

장쑤성 피저우시 춘두 : 중국 최대 은행나무 생산지. 900만평

🍃 은행나무의 중요 재배 품종

은행나무의 야생종은 단 1종이지만, 사람들이 재배하면서부터 여러 가지 품종(변종)이 나오게 되었다. 동양에서는 씨 생산을 목적으로 수확량이 많거나 큰 열매가 열리는 나무를 주로 육성했다. 그러나 서양에서는 씨보다 나무의 특징을 중요시하고 있다. 서양의 품종에는 'Autumn Gold'(작고 낙엽색이 아름다우며 수관부가 넓음), 'Beiging Gold'(키가 작은 관목 모습이고, 잎 색이 봄부터 여름까지 노란색), 'Chase Manhattan'(잎이 진녹색인 분재용 소형 품종)을 비롯하여, 수형과 키, 잎이나 줄기의 모양이 다양한 수십 가지가 있다. 이들은 세계 유명 수목원이나 묘목상을 통해 보급되고 있다.

(* 중요 묘목회사를 인터넷에서 찾아보려면, GardenWeb 또는 'Ginko + catalogue + male(또는 female)'과 같은 검색어를 입력해보면 좋을 것이다.)

일본에서는 종자가 큰 품종, 수형이 특이한 품종, 잎의 색에 차이가 있는 품종 등을 일찍부터 육성하고 있었다. 그들 중에 대표적인 품종을 소개한다. 이들 품종 중 일부는 우리나라에도 도입되어 묘목회사나 농장에서 분양하고 있다. 유명한 품종은 특허를 가지고 있어 종실료(種實料 royalty)를 지불해야 구한다.

1. **후지쿠로우(등구랑)** : 수형은 대형이며 열매가 늦게 익는 만생종(8월 하순~10월 중순 수확)이다. 원목은 기후현의 개인에 의해 전

래된 품종이다. 열매는 둥글며, 장경 2.5cm, 단경 2.3cm. 두께 1.7cm, 재래종보다 1.9배 정도(재래종 무게는 약 2g) 무거워 대형 종자를 생산하는 중요 품종이 되었다. 생육이 왕성하고, 묘목을 심은 후 결실까지 6~8년 걸린다. 열매는 현재까지 나온 품종 중에서 가장 크고 풍산성이다. 저장성이 좋아 3~4월까지 출하 가능하다. 이 품종은 원줄기가 직립으로 자라지 않기 때문에 3~4년 동안 지주를 사용하여 수형이 바르도록 유도해야 한다. 웃자란 가지 등은 적절히 가지치기 해준다.

2. **구수(구치)** : 수형은 대형이며, 중생종으로 8월 중순~10월 초순에 수확한다. 토우마치의 토미타히사츠기 츠카사라는 절에 원목(源木)이 있었다. 야마자키 지역 은행나무의 80%는 이 품종이다. 이것도 종실이 크고 모양이 좋다. 외형은 장경 2.6cm, 단경 2.3cm, 두께 1,7cm이다. 나무가 어릴 때는 직립으로 자라지만 점차 옆으로 퍼진다. 심은 후 5~6년 만에 비교적 빨리 결실한다. 쓴맛이 적어 식용으로 적당하지만, 저장성이 부족하다.

3. **금무관** : 수형은 중형이고, 조생종이어서 씨를 7월 중순~9월 중순에 수확한다. 원목은 토우마치의 한 개인(요코이 요시카즈)이 소유하고 있으며, 과육이 두텁고 열매는 타원형이다. 장경 2.6cm, 단경 2cm, 두께 1.5cm이다. 이 품종은 결실이 가장 빨라 3~4년 만에 수확을 시작한다. 그러나 어려서 열매가 달리면 나무의 생육이 늦어지므로 적당한 수형이 되기까지는 열매를 달지 않아야 한다.

4. **영신** : 수형은 중형이며 중생종이다(8월 초~10월 중순). 과형은 타원형이고 종실료(種實料)가 비싸다. 육성지는 아이치현 소부에쵸이며, 다른 품종에 비해 낙엽이 1개월 정도 늦다. 맛이 양호하고 저장성이 좋아 4월까지 출하할 수 있다.

5. **희평** : 일본에서 도입한 품종으로 조생종이고, 대과(大果), 다수확
  성이다. 종실 무게가 최대 3.8g에 이르는 최대 종실로 알려져 있
  다. 나무가 직립으로 자라지 않으므로 3~4년 간 수형이 바르도록
  유도해주어야 한다.

* 한국의 중요 품종

1. **왕방울 은행** : 전라북도 산림환경연구소에서 1980년에 선발하여
  1992년에 '왕방울'로 명명하여 상품 등록한 품종이다. 1994년부터
  보급을 시작하여 2,000년부터 본격 분양하고 있다. 은행 크기가
  등구랑과 비슷하다.

2. **금자탑** : 전남 곡성의 한울농장은 2002년부터 일본의 등구랑을 비
  롯하여 모든 품종을 상표 등록하여 독점적으로 분양하고 있다. 이
  농장에서 국내 처음 선발한 신품종 '금자탑'은 2007년부터 보급하
  고 있으며, 타원형이고 크다.

3. **선봉장** : '선봉장'은 전북 고창의 허바우농장에서 개발한 대표 품
  종이다. 경기도 안산의 반월공단 내에서 발견한 은행나무를 모수
  (母樹)로 육성한 것이다. 종실은 평균 무게 3.3g이며, 생장이 빠르
  고 직립하는 나무이다. 그러므로 지주를 세우지 않아도 되고, 밀
  식재배를 해도 양호하다. 주간이 분명하고 원줄기에서 곁가지가
  사방으로 뻗어 나오기 때문에 결실 가지가 많이 생긴다. 경제적으
  로 수확하기까지는 10년 이상 걸린다. 종실 크기는 등구랑과 비슷
  하다. 2011년부터 신품종을 보급하는 것으로 알려져 있다.
  　그 외 몇 농장에서 은행나무 신품종을 보급하고 있으나, 어떤
  것은 일본의 품종으로 의심받기도 한다.

* 서양의 은행나무 품종

우리나라에도 은행나무 변종(품종)이 다수 있는 것은 확실하다.

왼쪽의 은행나무는 가지를 위로 뻗어 매우 홀쭉하게 원추형으로 자라지만, 오른쪽 두 나무는 일반적인 형이다.(경기도 양주시 광적면에서 촬영)

그러나 이들을 구체적으로 분석한 보고는 아직 없는 것으로 보인다. 필자 역시 은행나무를 관찰하는 동안 변종이라고 생각되는 나무를 몇 차례 만났지만, 정밀한 관찰을 장기간 하지 못하여 발표가 어렵다. 변종의 특징은 여러 면에서 찾을 수 있다.

잎 : 형태, 색상, 갈라지는 형태, 잎의 크기, 얼룩무늬
수형 : 원형, 삼각형, 긴 원추형, 우산 형, 왜소형 등
가지 : 가지의 소밀(疏密) 정도, 가지의 길이, 가지가 펼쳐지는 각도, 굵기 등
열매 : 대형, 중형, 소형, 결실 정도, 결실 연령
낙엽 : 색상, 단풍 시기, 낙엽시기
줄기 : 무늬, 색상, 특이한 수피 형태, 경근체(유주)의 발생
생장 속도 : 특별히 빠른 것, 느린 것

유럽과 미국에서는 상당히 많은 종류의 변종이 알려져 보존 또는 분양되고 있으며, 특성에 따라 정원수나 분재로 이용되고 있다. 다음은 서양에 알려진 중요한 변종들을 종합한 것이다.

1. **Anny's Dwarf** – 키가 작다.
2. **Autumn Gold** – 가지가 넓게 펼쳐지고 단정하며, 단풍색이 아름다운 수나무이다.
3. **Barabits Nana** – 2m 높이까지는 덤불 형태로 자란다.
4. **Beijing Gold** – 4m 정도까지는 관목 형태로 자란다. 봄과 여름에 잎이 노란색이며, 여름에는 잎에 줄무늬가 드러나기도 한다.
5. **Bergen op Zoom** – 4m까지 수직으로 자라는 소형 나무이다.
6. **Chase Manhattan** – 잎이 작고 색이 진하다. 키가 왜소하여 분재나 바위정원에 심기 적당하다.
7. **Chichi** – 잎이 작고, 수피가 직조(織造) 형이며. 빵처럼 불룩 나온다.
8. **Chris's Dwarf** = Munchkin
9. **Chotec** – 체코인이 발견한 변종으로, 버드나무처럼 가지가 늘어진다.
10. **Eastern Star** – 큰 종실이 대량 열리는 암나무
11. **Elmwood** – 수직으로 홀쭉하게 자란다.
12. **Epiphylla** – 키가 4m 정도인 어린 나무일 때부터 열매가 달리는 암나무
13. **Elsei** – 수직으로 곧게 자라는 암나무
14. **Fairmount** – 수형이 호리호리하고 큰 잎이 달리는 수나무.
15. **Fastigiata** – 기둥처럼 호리하게 자라며 잎이 큰 수나무
16. **Geisha** – 가지가 길게 늘어지며, 짙은 녹색 잎이 가을에는 레몬 색이 된다. 큰 열매가 무겁게 달리는 암나무
17. **Globosa** – 접목을 하여 수관부가 공처럼 둥근 모습이 되도록 한 왜소형

18. **Globus** – 수형이 총알 모양이며 잎이 대형이다.

19. **Golden globe** – 어려서부터 가지가 유난히 많고, 마치 고목처럼 넓고 둥그런 수형을 이루며, 단풍잎의 노란색이 화려하다. (Cleveland Tree Co.에서 묘목 공급)

20. **Gresham** – 가지가 수평으로 넓게 펼쳐져 자란다. 미국 오레곤 주 그레스햄 고등학교에 자라고 있다.

21. **Hayanari** – 암나무

22. **Hekzenbezen Leiden(Witches broom)** – 동그란 수형의 왜소한 변종으로 가지가 촘촘하게 나온다.

23. **Horizontalis** – 키가 크고, 수형이 넓게 펼쳐지며, 옆가지가 많이 나온다. 수관 폭이 넓다.

24. **Jade Butterfly** – 잡목처럼 가지가 나오며, 진한 녹색의 잎이 무성한 와인 잔 모양의 왜소형 변종

25. **King of Dongting** – 자라는 속도가 아주 느리고 잎이 매우 크다.

26. **Laciniata** – 큰 잎이 깊게 갈라진다.

27. **Lakeview** – 밑면이 넓은 원뿔형의 왜소형 수나무

28. **Liberty Splender** – 원줄기가 굵으며 넓은 원뿔형 수형을 가진 암나무

29. **Long March** – 수직으로 자라며 열매 맛이 우수한 다수확성 암나무

30. **Magyar** – 좌우 대칭의 좁은 피라미드형으로 곧게 자라는 수나무

31. **Mariken** – 가지가 듬성하고 원뿔형인 왜소형(Witches broom보다 더 왜소)

32. **Mayfield** – Fastigiata보다 더 호리하게 높이 자라며 가지들이 짧다.

33. **Munchkin(Chris's Dwarf)** – 수직으로 자라나, 많은 가지들이 늘어짐. 잎의 크기가 대부분 아주 작다.

34. **Ohasuki** − 반원형의 큰 잎을 가지는 암나무

35. **Pendula** − 가지가 많으며 약간 원추형이다. 생장이 느림

36. **Prague or Pragense** − 수형이 우산을 반쯤 펼친 모양이 된다.

37. **Princeton Sentry** − 생장이 느리며 잎이 큰 유명한 변종. 원추형으로 곧게 자란다.

38. **Rainbow** − 잎에 황색과 녹색 줄무늬가 있다.

39. **Salem Lady** − 미국 오리건 주에서 찾아낸 암나무

40. **Santa Cruz** − 수관부가 우산처럼 펼쳐진 수고가 낮은 암나무

41. **Saratoga** − 가지가 많고, 잎의 크기가 작으면서 황록색이다. 생장이 느리며 둥그런 수형의 수나무이다.

42. **Shangri-La** − 수형이 미라미드 형이며 생장이 빠른 수나무이다.

43. **Spring Grove** − 아주 왜소하다.

44. **Tremonia** − 키가 작고 잎이 크다. 수형은 피라미드 형인 암나무이다.

45. **Troll** − 잎 모양이 다양하다.

46. **Tubifolia** − 가지가 많으며 왜소하고 생장이 느리다. 잎 모양이 물통 형으로 길쭉하다.

47. **Umbrella** − 가지가 많고 왜소하며 잎의 모양과 크기가 다양하다.

48. **Variegata** − 수형이 잡목처럼 보이며, 잎의 일부는 녹색, 나머지는 황색 무늬가 다채로운 암나무이다.

이 은행나무의 잎은 녹색과 노란색이 얼룩져 있다.

49. **Windover** − 계란형의 그늘

나무(정자나무)이다.

50. Witches Broom(W.B) — 왜소하고 가지가 많으며, 둥근 수형이다. 잎은 연록색이고 아래 가지는 지면(地面)으로 축 늘어진다.

🌿 은행나무 재배법 요점

다음은 은행나무 재배법에 대한 요점을 정리한 것이다.
(조경신문 2011. 05. 15일 연재원고(107회) 기사 참고

번식 방법 : 실생(實生), 삽목, 접붙이기 어느 방법이나 잘 된다.
실생 : 가을에 수확한 씨를 노천에 매장해두었다가 봄에 파종하면 싹이 잘 난다.
삽목과 접목 : 가로수로는 수나무를, 열매 수확용으로는 암나무만을 선택하여 육성하는 편리한 방법이다.

재배 적지 :
- 배수가 잘 되고, 기름지며 토심이 깊어야 생장이 빠르다.
- 건조하거나 물이 고이는 곳은 성장이 아주 나쁘다.
- 다비성 수목이므로 비료를 많이 주는 것이 성장에 유리하다.
- 열매 수확을 목적으로 하는 암나무 묘목은 접목으로 생산한다.
- 가파른 땅은 관리와 수확이 어렵다.

이식 적기 :
- 은행나무는 이식이 쉬운 편이다.
- 은행잎이 떨어진 뒤부터 새싹이 나오기 이전이 이식의 최적기이다.

재식 거리(10a, 300평 기준) :

초밀식 재배   3m × 1~2m   222~333주
밀식 재배   3m × 3m   111주
보통재배   5~6m × 5~6m   28~40주
소식(疎植) 재배   10m × 10m   10주

* 종실 생산을 목적으로 할 때는 가로 5m, 세로 5m 간격이 일반적이고, 구덩이는 깊고 넓게 판다.
* 수분수(受粉樹) 용으로 수나무를 1h당 5본을 혼식한다.
* 은행나무는 밀식에 강하다. 그러나 채종(採種)이 목적이라면 넓은 간격으로 심어야 한다.
* 키가 큰 나무에 달린 열매는 채종이 힘들다. 채종하기 쉽도록 하기 위해서는 키가 낮도록 전지하고 관리한다.

심을 때 주의 사항 :

• 심을 구덩이에 퇴비를 넣어준다.

이 은행나무 농장에서는 열매를 수확하기 편하도록 키를 낮추어 재배하고 있다.

- 너무 깊이 심으면 뿌리의 호흡에 지장을 준다.
- 흙과 뿌리가 잘 밀착되도록 심은 후 꼭꼭 밟아 눌러준다.
- 묘목을 심은 후 첫해에는 묘목이 많이 자라지 않으므로 주변 잡초가 더 빨리 자라 덮어버리지 않도록 잘 관리한다.
- 밭을 비닐로 멀칭을 하여 묘목을 심으면 잡초 관리에도 편리하고, 지온이 높아져 성장이 빠르다.
- 비가 내린 뒤 화학비료를 소량씩 자주 주면, 비료 성분이 빗물에 녹아 토양 속으로 잘 침투한다.
- 접목(椄木) 방식으로 재배하면 6년 만에 수확을 시작하기도 한다.

수확 :
- 은행나무는 수확을 시작하기까지 약 20년 기다려야 한다.
- 은행나무는 심은 후 손자를 볼 때쯤 수확하기 시작한다 하여 공손수(公孫樹)로 불리기도 한다.
- 정성껏 잘 키우면 더 빨리 수확을 시작한다.

* 은행나무 번식방법

삽목 방법 :
- 은행나무는 무성번식이 잘 된다. 그중 삽목은 암수 그루를 원하는 대로 선택할 수 있는 좋은 방법이다. 5~6월경에 어린 가지를 15cm 정도 길이로 잘라 습기가 충분한 묘판에 심어두면 뿌리가 내린다. 이 묘목은 2년째부터 잘 자란다.
- 길이 15~30cm 길이의 가지를 12월에 묘판에 삽목해 두어도 다음해 봄에 뿌리가 난다.

접목 방법 : 은행나무는 접목도 잘 된다. 대목(臺木)이 암나무이고 가지가 복수일 때, 가지 하나에 수나무 접수(椄穗)를 접목하면, 암수

한 그루(자웅동주)의 은행나무가 된다. 이런 자웅동주 은행나무는 수분(受粉)이 잘 이루어지므로 열매가 더 잘 열린다.

접수(接穗) 채취 : 휴면기인 2월 중순~하순, 1년생 가지, 눈이 충실한 접수를 채취하여 섭씨 2~4도에 저장한다.

접목 시기 : 4월 하순에서 5월 상순

접목 방법 : 절접(切接), 박접(剝接), 저접(底接), 고접(高接)

접목 관리 : 접목한 부분이 건조하거나 빗물이 들어가지 않도록 접밀(接蜜) 또는 톱신페스트를 도포한다. 이후 맹아와 새순을 제거하고, 접목 끈 묶기, 지주목(支柱木) 설치를 한다.

대목 관리 : 접목묘(대목 臺木)는 가을에 낙엽 직후 굴취(掘取)하여 지하 굴(움)에 저장했다가 봄에 정한 위치에 식재(植栽)한다.

식재 시기 : 해빙 후 또는 낙엽 직후

묘목관리 : 접목한 나무는 약 45도 각도로 비스듬하게 생장하므로 긴 지주를 세워 수형을 바르게 잡아주어야 하고, 뿌리가 흔들리지 않게 한다. 2~3년 동안은 생장이 느리므로 나무 주변 풀베기를 연 1~2회 한다. 이 기간 동안 묘목 사이에 간작(間作)이 가능하다. 비료는 유기질비료가 좋다.

가지치기 : 은행은 결실한 가지에서 다시 결실하는 성질이 있으므로 가지치기 작업에 손이 적게 간다. 그러므로 생장에 서로 방해되는 가지만 적절히 자른다.

생육 관리 : 은행나무는 태양이 조금만 비치면 다른 나무의 그늘에 가려도 자란다. 전지해주지 않아도 자연스럽게 아름다운 수형을 갖게 된다. 생장이 빠른 시기는 5월말부터 8월말 사이이다. 은행나무는 처음 30년 동안은 매년 30cm 정도씩 성장한다. 그러나 물이 부족하거나 영양이 없는 땅에서는 거의 생장하지 않기도 한다. 암수 나무의 수분(受粉)은 거의 바람에 의해 이루어진다. 암나무는

은행나무 암나무는 결실했을 때 열매 무게가 무거워 가지들이 아래로 처지게 된다. 사진의 암나무는 가지들이 심하게 아래로 늘어져 있다.

수정되지 않아도 같은 크기의 불임(不姙) 씨를 만들 수 있다.

종자의 수확 : 수확한 종자를 한곳에 모아두고 비닐을 덮어 1주일 정도 두면, 부패하여 과육같은 외종피가 끈적끈적하게 된다. 이들을 망사 자루에 넣어 물속에서 밟으면 쉽게 벗겨진다. 양이 많으면 외종피를 벗기는 자동기계를 사용한다.

종자의 저장 : 외관이 좋고 잘 건조된 것, 배젖이 녹색인 것이 좋다. 저장 적온은 섭씨 0.5도이다. 이렇게 하면 9개월까지 저장이 가능하다.

제 **4** 장
은행나무의 보호와 문화

은행나무는 최고의 가로수

　우리나라에서는 은행나무를 공원, 정원, 학교 운동장 주변, 절 경내, 마을 주변, 그리고 가로수로 많이 심고 있다. 은행나무 가로수는 그 모양과 단풍잎의 아름다움만 아니라, 시원한 그늘을 만들어 더위를 피할 수 있게 하고, 자동차의 소음과 매연을 막아주며, 도시 거리의 부족한 산소를 보충해주고 있다. 절 경내에 우뚝 선 은행나무는 다른 수목들을 압도하면서 신성한 분위기를 조성하는 상징적 수목이 되기도 한다.

　가로수는 길을 따라 선형(線型)으로 만든 녹지이다. 번화한 도시의 가로수는 부족한 공원을 다소나마 대신하는 녹지공간이 되어 도시 환경을 개선하고 있다. 우리나라가 가로수를 처음 심기 시작한 때는 1895년 고종 32년이라고 알려져 있다. 이때 고종황제는 신작로 좌우에 가로수를 심도록 명했다고 한다. 그 이전까지 차가 없는 우리나라에는 차도가 없고, 오직 우마차가 다니거나 사람들이 걸어 왕래하는 소로뿐이었다. 우리와 친숙한 나무 중에 자작나무과에 속하는 '오리나무'가 있다. 이 나무는 마을로부터 5리마다 작은 숲이 되도록 심어 거리를 나타내는 이정표로 삼은 나무였기에 이런 이름 이 붙었다고 전한다.

2005년 말에 산림청이 발표한 우리나라 가로수 통계에 의하면, 전 국에 약 400만 그루의 가로수가 자라고 있으며, 그 중에 25%는 벚 나무, 24%는 은행나무, 플라타너스는 8%, 그리고 느티나무가 7%였 다. 그러나 이 가로수 통계 수치는 지금에 와서 크게 달라졌다. 새 로운 도로가 많이 생겨났으며, 각 지방자치단체들은 자기 지역을 상 징하고, 지역 풍토에 알맞은 수종을 선택하여 심고 있기 때문이다. 예를 들어 기온이 따듯한 제주도와 남쪽지방에서는 아열대성 식물 을 가로수로 심고 있다.

오늘날 우리나라에서 볼 수 있는 가로수는 위의 4종 이외에 배롱 나무(백일홍), 히말라야시다, 소나무, 단풍나무, 메타세코이어, 이팝 나무, 호두나무, 야자나무, 소철 등이 있다. 이 모든 가로수 중에 으 뜸으로 많기도 하고 사랑받는 것은 은행나무이다. 전국 곳곳에는 이 름난 은행나무 가로수 길이 있어 많은 사람이 찾는다. 대표적으로 유명한 은행나무 가로수 길이 몇 곳 잘 알려져 있다.

  * 아산 현충사 은행나무 길 : 1973년에 현충사를 성역화하면서 심
     은 40~50년 된 은행나무가 우리나라에서 가장 긴 은행나무
     가로수 길을 이루면서 하늘을 가리도록 자라고 있다.
  * 경기도 양평군 용문사 주변의 은행나무 가로수
  * 충북 제천시의 가톨릭교회 성지인 '배론 성지' 은행나무 가로수
  * 괴산 양곡저수지, 문광저수지 은행나무 길
  * 서울 종로의 자하문, 삼청로, 사직로, 새문안 길의 은행나무 가
     로수
  * 서울 신사동 은행나무 가로수
  * 서울 여의도 은행나무 길
  * 계룡산 갑사 은행나무 길

* 춘천 남이섬의 은행나무 길
* 경기도 양수리의 다산유적지 은행나무 길
* 경북 영주시 부석사의 은행나무 길

6·25 전쟁이 끝났을 때, 벌거숭이 국토가 된 우리나라는 어디에서도 가로수를 찾아보기 어려운 상황이었다. 그래서 처음에는 빨리 자라 땔감도 되면서 그늘을 만들 수 있는 미루나무, 플라타너스(버짐나무), 수양버들 등을 길을 따라 많이 심었으나, 차츰 은행나무와 벚나무를 심기 시작했다. 은행나무를 중요 가로수로 선택한 데는 여러 이유가 있다.

1. 우리나라 기후와 토질이 은행나무 생장에 매우 좋다.
2. 위로 곧게 자라며, 넓고 짙은 그늘을 만들어준다.
3. 추위와 더위에 강하고 수명이 길다.
4. 벚나무나 플라타너스와 달리 병충해가 없어 약을 치지 않아도 항상 깨끗하다.
5. 대기오염과 건조, 열에 강하여 교통이 번잡한 가로변에서 잘 생존한다.
6. 산소 배출량이 많고, 이산화황(SO_2) 흡수 능력이 매우 뛰어나다.
7. 여름의 푸른 잎과 가을의 단풍잎이 아름답다.
8. 심근성이므로 뿌리가 도로 위로 나와 보도블록을 망가뜨리는 경우가 적다.
9. 상당히 수령이 높아도 이식이 잘 된다.
10. 봄에 싹이 조금 늦게 트므로 늦서리 피해를 입지 않는다.
11. 은행나무는 염해(鹽害)에도 강하여 해변 가로수로도 적합하다.
12. 플라타너스처럼 너무 빨리 자라지 않으므로 관리가 용이하다.
13. 암나무의 열매를 수확하여 이용할 수 있다.

도시 일부에서는 건물이 높아지고 복잡해지면서 가로수가 전선주라든가 간판, 조명, 교통신호에 방해가 된다. 이 때문에 가로수 관리자는 나무를 손발과 머리가 없는 조각상처럼 몸통만 남기고 잘라버리기도 한다. 그렇게 자르더라도 가로수로서 은행나무보다 이상적인 나무는 없어 보인다.

은행나무 공원

우리나라에서는 공원 녹지에 은행나무를 많이 심고 있다. 그러나 그곳의 은행나무는 드문드문 심었을 뿐, 은행나무 숲을 조성한 곳은 강원도 홍천에 단 한 곳 알려져 있을 뿐이다. 만일 어딘가에 은행나무 숲이 있다면, 그곳은 은행잎이나 씨를 생산할 목적으로 재배하는 은행나무 농장일 것이다.

일본에서는 1923년, 천왕이 사는 도쿄의 궁정(Meigi Jingu Gaien)을 현대식 정원으로 만들면서 은행나무를 146그루 심어 작은 숲을 만들었다. 처음 심을 때의 은행나무 키는 약 6m였다. 그로부터 65년이 지났을 때, 그 나무들은 큰 것은 평균 높이 24m이고 줄기 직경은 2.8m였으며, 제일 작은 나무라도 키 17m, 직경 1.8m였다. 현재 이곳의 은행나무는 긴 원뿔형으로 자라 아름다운 숲을 이루고 있다. 이 외에 일본에서는 도쿄에 있는 한 공원(National Showa Memorial Park)에도 은행나무를 나란히 심어 독특한 숲을 조성하고 있다.

유럽이나 미국에서는 은행나무를 심은 역사가 200년을 조금 넘을 뿐이다, 그러나 서양의 정원에서도 은행나무를 매우 귀중하게 가꾸고 있다. 서양에서는 동양적인 수목과 분재(盆栽)를 바위와 작은 호수와 함께 배치한 일본식 정원을 좋아한다. 그 동안 일본은 외국에서 일본식 정원을 설치한다는 정보를 접할 때마다 적극적으로 협조하면서 은행나무도 직접 가져가 심도록 하는 것으로 알려져 있다.

우리나라에서도 앞으로 신도시나 공원 녹지를 계획할 때 일정한

　삼척시 도계읍의 늑구리 은행나무는 수령 1,500년으로 추정되고 있다. 은행나무 노거수들에는 제마다 여러 가지 전설을 가지고 있으며, 이런 전설들은 수령을 짐작하는데 자료가 된다. 특히 은행나무에 큰 뱀이 산다거나, 나뭇가지를 자르자 피가 흘렀다는 등의 전설은 그 나무를 함부로 훼손하지 않도록 보호하는 역할을 했을 것이다.

규모로 은행나무를 집중적으로 조림한 숲을 만든다면 그곳은 매우 인상적이면서 사랑받는 녹지가 될 것이다. 은행나무 숲 아래는 어떤 그늘보다 시원할 것이며, 거기에는 사람을 귀찮게 하는 벌레도 없을 것이다. 가을이 오면 황금빛으로 물들어 있던 잎들은 비유할 수 없이 아름다운 노란색 카펫으로 지면을 덮어 가을을 찬미하게 할 것이다.

🌿 보호수 지정과 관리 현황

* 대한민국 문화재 보호법은 1962년에 제정되었으며, 2011년 현재

의 문화재보호법은 2008년 12월 14일이 시행일자이다.

* 문화재 보호법의 제2조에서는 문화재의 정의를 '인위적이거나 자연적으로 형성된 국가적, 민족적, 세계적 유산으로서 역사적 예술적 학술적 경관적 가치가 큰 것'으로 정하고 있다.
* 문화재는 유형문화재, 무형문화재, 기념물, 민속자료 4가지로 나누고 있다.

　　유형문화재 : 건조물, 서적, 고문서, 회화, 조각, 공예품

　　무형문화재 : 연극, 음악, 공예기술 등 무형의 문화적 소산

　　기념물 : 사지, 고분, 패총, 성지, 동물, 식물, 지형, 지질, 광물, 동굴 등. 동·식물의 경우, 동물은 그 서식지, 번식지, 도래지를 포함하고, 식물은 그 자생지를 포함한다.

　　민속자료 : 의식주, 생업, 신앙, 연중행사 등 풍속 및 습관

* 문화재는 지정 주체에 따라 국가지정문화재와 시도지정 문화재가 있다.

* 은행나무('식물') 관련 조항

　가. 한국 자생식물로서 저명한 것 및 그 생육지

　나. 석회암지대, 사구, 동굴, 건조지, 습지, 하천, 호수, 늪, 폭포, 온천, 하구, 도서 등 특수 지역이나 특수 환경에서 자라는 식물·식물군·식물군락·또는 숲

　다. 문화, 민속, 관상, 과학 등과 관련된 진귀한 식물로서 그 보존이 필요한 것 및 그 생육지와 자생지

　라. 생활문화 등과 관련되어 가치가 큰 인공 수림지

　마. 문화·과학·경관·학술적 가치가 큰 인공 수림, 명목(名木), 노거수, 기형목

　바. 대표적 원시림, 고산지대 식물 또는 진귀한 식물상(植物相)

　사. 식물 분포의 경계가 되는 곳

　아. 생활·민속·의식주·신앙 등에 관련된 유용식물 또는 생육지

　자. 세계문화유산 및 자연유산의 보호에 관한 협약에 따른 자연

유산에 해당하는 곳

우리나라 전역에는 보호 가치가 충분히 있으면서도 보호수로 지정받지 못한 노거수들이 많이 있다. 보호해야 할 수목을 발견한 개인이나 단체는 문화재청 천연기념물과에 지정을 요청할 수 있다. 요청을 받은 당국에서는 문화재위원들의 심사를 거쳐 보호수 또는 천연기념물로 지정하게 된다.

우리나라 은행나무의 최고 수령

한국은 제주도에서부터 한반도 전체가 은행나무 생육 적지이다. 특히 우리나라에서 자라는 은행나무 잎에는 생약 성분이 가장 많이 함유된 것으로 알려져 있다. 한반도에 은행나무가 도입된 시기는 불확실하나, 중국으로부터 불교와 유교가 전래될 때 우리 선조들이 은행나무 씨도 함께 가져와 심었을 것이라 짐작하고 있다.

우리나라 전역의 고(古) 사찰 몇 곳 경내에는 수령이 1,000년 안팎으로 추정되는 은행나무 노거수들이 보호되고 있다. 서울 성균관대학교 교정에는 조선왕조시대의 유학(儒學) 교육장이던 명륜당(明倫堂)이 있다. 이곳 뜰에는 1519년에 심은 4그루(모두 수나무)의 고목이 건강하게 자라고 있다. 유학교육장을 행단(杏壇)이라 하는데, 이 말은 공자가 학문을 가르치던 교단(敎壇)을 의미한다. 성균관대학교와 일본의 도쿄(東京)대학은 은행나무 잎 문양을 대학 상징으로 그려놓고 있다.

한국에서 가장 수명이 오랜 은행나무는 함경남도 금야면 통흥리 안불사에 있는 수령 약 2,100년의 암그루라고 알려져 있다. 나무 높이는 42m, 원줄기 둘레는 15.5m로(2001년)라고 하지만, 이 나무의 실제적인 상황은 불확실하다. 그러나 확인이 되는 우리나라 최고령 은행나무는 수령이 1,500년 정도일 것이라고 추정하기도 하지만, 이

우리나라의 천연기념물 중에는 은행나무가 19그루 포함되어 있다. 용문사의 은행나무(암그루)는 키 42m에 뿌리 부분 둘레가 15.2m에 이르며, 수령은 1,100년으로 추정되고 있다. 우리나라에서 전국적으로 보호수로 지정된 은행나무 노거수는 800그루를 넘는다.

또한 불확실하다.

한때 은행나무의 자생지일 것이라고 생각했던 중국 구이양(Guiyang) 서쪽 100km 떨어진 지역에 자라는 수컷 은행나무(Li Jiawan Grand Ginkgo King)는 수령 4,000 ~4,500년의 최고령 나무(높이 30m, 둘레 15.6m)로 알려져 있으며, Changshun 지방 Tiantan 마을에는 수령 4,000년(높이 50m, 둘레 16.8m)된 은행나무 암그루가 산다고 한다.

은행나무에 대해서는 옛 기록이 드물어 정확한 정보를 얻기 어렵다. 중국의 왕궁에서는 서기 1,100년경부터 은행나무를 왕궁에 심었다는 기록이 있다. 일반적으로 은행나무는 불교문화와 함께 중국에서 한국으로 전파된 것으로 믿고 있다. 한편 일본에는 한국을 통해 불교와 함께 1192년에 전해졌다고 알려져 있다.

일본 아오모리현의 후카우라 마을의 '키타가네가사'와 오이타현 '타카츠카'에는 수령 1,000년으로 추정되는 은행나무가 있고, 구마모토 공원에는 그 보다 수령이 더 많은 1.100년의 수 그루가 살며, 도야먀현 조우니치지에는 자그마치 수령 1,300년의 일본 최고령 암 그루가 있다. 그런데 일본의 학자 중에는(Honda) 일본에 은행나무가 들어온 시기를 약 900년 전일 것이라고 추정하고 있다. 그러므로 은행나무의 생김새를 살펴 추정하는 나이와 역사의 기록에는 일치하지 않는 점이 있다고 보아야 할 것 같다.

🌿 한국의 이름난 은행나무 노거수

우리나라의 대표적인 은행나무 노거수는 앞의 본문에서 다수 소개했으므로, 여기서는 특별히 기억할만한 전주시의 은행나무를 소개한다.

1. 전주 한옥마을의 은행나무

전주시 완산구의 한옥마을에는 '은행나무 길'이 있고, 이곳에 있는 최씨 종가(宗家) 앞에 수령 600년의 은행나무 암나무 한 그루가 보호받고 있다. 이 노목은 원줄기가 많이 상해 외과수술을 크게 받기도 했고, 수세가 매우 약한 상태이다. 더군다나 이 나무의 뿌리 주변은 보도블록으로 완전히 덮여 있고, 나무 원줄기는 석재로 둘러싸놓고 있어 마치 대형 분재(盆栽)처럼 자라고 있다.

2005년 경, 이 나무의 줄기 근처 뿌리에서 새 가지가 자라기 시작하여 키가 3~4m 높이로 성장하게 되자, 주변 사람들은 자식 나무가 뿌리에서 태어났다고 화제(話題)가 되었다. 이 때문에 2010년에는 국립산림과학원이 모수와 자목(子木)의 DNA를 검사하게 되었고, 검사 결과 모수와 자목의 DNA가 완전히 일치하자 '친자식으로

  전주 한옥마을에서 보호하고 있는 이 은행나무는 조선의 개국 공신 월당 최담 선생이 귀향하여 1383년에 심은 것으로 알려져 있다. 많은 관광객이 찾아오는 이 나무 앞의 안내판에는 이런 사실과 함께 "은행나무는 벌레가 슬지 않는 나무로, 관직에 진출한 유생(儒生)이 부정에 물들지 말라는 뜻에서 향교에 심었다."라는 글이 기록되어 있다. 사진 앞쪽에 키 높이 자란 어린 나무는 화제가 된 이 노거수의 자목(子木)이다. 이 나무에서 열리는 은행은 영양 부족 탓인지 매우 씨알이 잘다.

확인'되었다는 보도까지 나오게 되었다.

  이 자목은 모수의 근맹아(根萌芽)로부터 자라나온 것이므로 DNA 검사를 하지 않아도 같을 것이 분명하다. 그러나 현대 과학기술로 재확인까지 하였으니 흥미롭다 하겠다. 현재 이 노목 앞에는 이런 사실을 설명한 안내판이 서 있다.

2. 전주 향교의 은행나무 보호수 5그루

  전주시 완산구 교동의 전주향교의 넓은 뜰에는 여러 은행나무 노목이 여기저기 자라고 있는데, 그 중에 5그루(430년 2그루, 410년 1그루, 280년 2그루)는 1982년에 보호수로 지정되었다. 이들 나무 가운데 향교 정문 담장 옆에 자라는 수령 280년의 은행나무(암나무)는

　전주 향교 대성전 왼쪽에 자라는 수령 430년, 수고 30m의 은행나무는 원줄기 아래가 많이 상하여 대수술을 받았다. 그러나 줄기의 동공을 메운 수지를 에워싼 두터운 수피에서 은행나무의 신비스런 생명현상을 발견한다.

　수지를 덮고 있는 굵은 수피에서 수십 개의 가지가 숲처럼 나란히 자라고 있다. 10년 후, 100년 후 이들의 모습이 어떻게 될지 궁금하다.

같은 나무의 두터운 수피에서 새눈이 여러 개 나오고 있다. 그 중에는 수꽃을 피운 것도 있다. 가녀린 맹아가 이렇게 두터운 수피를 뚫고 자라나올 수 있다는 것도 은행나무의 신비로 보인다.

수고가 25m에 이르도록 곧게 자라 웅장한 모습을 보인다.

특히 대성전 왼쪽에 자라는 수령 430년의 노거수(수나무)는 원줄기가 없어져 대수술을 받았으나 왕성하게 자라고 있다. 이 나무는 지면에서 높이 4m 정도 되는 부분의 거칠고 두터운 수피에서 수십 개의 잔가지가 다투어 자라고 있어 신비롭게 보인다.

인간과 은행나무의 비교 수명

인간은 젊고 아름다운 모습으로 불로장생하기를 꿈꾼다. 지금까지 가장 장수한 사람은 1997년에 122세로 별세한 프랑스의 한 부인으로 알려져 있다. 동물 가운데 장수하는 것들로는, 남극 바다의 섬에

사는 한 조개 종류가 405~410년, 민물에 사는 어떤 진주조개 종류
가 210~250년이라고 알려져 있다. 일반적으로 수명이 긴 동물로
유명한 거북 종류 중에는 2006년에 255세로 죽은 코끼리거북
(Aldabra tortoise)이 있다. 1,000년도 더 이전부터 중국인들이 양식
해온 비단잉어를 중국에서 가져와 일본에서 기른 한 비단잉어는
226년을 살다가 1977년에 죽었다.

단세포의 하등생물은 그 수명이 무한이라고 말할 수 있다. 왜냐하
면 그들은 몸이 두 쪽으로 갈라져 각각 새로운 단세포가 되는 방법
으로 끊임없이 살아가고 있기 때문이다. 그러나 모든 동물에는 수명
이 있으며, 가장 장수하는 동물이라 하더라도 식물의 수명에 비하면
비교가 안 된다.

수목 가운데 최고 수령을 가진 것은 미국 네바다 주 휠러피크에
살았던 가시삿갓소나무(bristlecone pine, *Pinus longaeva*)였다. 1964
년 이 나무가 죽었을 때, 나이테를 조사한 식물학자들은 수령이
4,862년이라고 밝혔다. 이 소나무는 살아있을 때도 고목으로 유명하
여 '프로메테우스'라 불리기도 했다. 신으로부터 불을 훔쳐 인간에
게 전한 신화의 주인공 이름이다. 미국 캘리포니아 주의 화이트마운
틴에 현재 살아있는 같은 종류의 소나무는 프로메테우스보다 18년
어린 4,844년(2011년 현재)으로 알려져 있다. 그러므로 현존하는 최
고령의 나무인 이 가시삿갓소나무(별명 : 메두셀라 Methuselah)는 기
원전 2,832년에 싹이 텄던 것이다.

1993년에 공식적으로 측정된 2번째 고령 나무는 칠레 안데스 산
맥에 자라는 측백나무 종류인 수령 3,622년 된 피츠로야(*Fitzroya
cupressoides*, 일명 파타고니아 사이프러스)이다. 이 종류의 나무는
키가 40~70m까지 수직으로 높이 자라며, 원줄기의 직경이 5m에
이른다. 일본 가고시마의 야쿠시마 섬에는 수령 2,170년 이상으로
추정되는 '죠몬스기'라 불리는 측백나무 종류가 생존하고 있다.

영국 노스웨일즈의 랑제르뉴 성당 마당에는 수령이 4,000~5,000
년으로 추정되기도 하는 주목이 아직도 건강하게 살아있다. 그러나

이 나무는 정확한 나이 추정이 불가능한 상황이다. 미국 서부 요세미티 국립공원의 자이언트 세코이아 중에는 수령이 3,266년인 것이 있다.

현재 생존하는 은행나무 노거수의 나이를 정확하게 측정하기란 불가능해 보인다. 일반적으로 수령을 정확하게 측정하는 방법은 원줄기를 잘라 나이테의 수를 헤아리는 것이다. 하지만, 노거수들은 원줄기 속이 대부분 썩어버리고 동공 상태로 남아 있기 때문에 나이테를 찾을 수조차 없고, 또 남아 있는 부분은 생육 초기의 조직이 아니기 때문에 방사선동위원소를 이용한 연대측정을 한다 할지라도 의미가 없다.

우리나라에는 천연기념물로 보호하는 은행나무가 모두 22그루 있

경기도 양주시청 뒤에는 1401년 조선 태조 원년에 건립한 향교가 있다. 도중에 소실되어 재건한 이 향교 마당에는 약 3~400년 된 은행나무 두 그루(모두 암나무)가 자란다.

고, 이 외에 지방자치단체 등이 보호하는 보호수나 기념 은행나무가 다수 있다. 2010년의 산림청 자료에 의하면 전국적으로 보호수로 지정된 은행나무는 700여 그루이다. 이 가운데 1,000년 이상 수령을 가진 나무는 13그루이고, 500~1,000살은 225그루, 400~500살은 140그루이다(고규홍).

🍂 은행나무를 사랑하는 사람들

*** 중요 저서 :**

우리나라에는 은행나무를 좋아하여 전국의 이름난 은행나무와 가로수, 또는 숲을 찾아다니며 사진을 찍고 연구하는 사람들을 인터넷을 열면 여럿 발견할 수 있다. 그 중에 다음 분들은 우리나라에서 대표적인 은행나무 노거수를 골라 그들과 관련된 문화적인 면을 책으로 흥미롭게 소개하고 있다.

1. 강판권 : <은행나무-동방의 성자, 이야기를 품다> 문학동네, 2011
2. 고규홍 : <우리가 지켜야 할 우리나무-은행나무> 다산기획, 2010년
3. 강현우 : <은행나무-문화 역사 그리고 사람의 만남> 한국학술정보(주), 2009년
4. 최낙성 : <은행나무 이야기> 세손, 1998년

*** 인터넷에서 만나는 은행나무 농장과 애호가들**

홈페이지, 블로그, 카페에서 여러 농장과 애호가를 만난다.

1. 충남 예산군에는 은행나무를 재배하는 10여명의 경작자들로 구

성된 '은행나무연구회'가 활동하고 있으며, 은행나무 묘목을 육
성하여 분양하는 종묘회사나 농장도 여럿 있다.

2. 블로그 '극지인-정호성'씨는 전국의 은행나무를 전문가적인 안
   목과 사진술로 수백 장 촬영하여 애호가들이 열람할 수 있도
   록 하고 있다.

3. http : sjy8593.tistory.com에는 은행나무 접목법을 사진과 함께
   잘 소개하고 있다.

4. 인터넷 google에서는 세계적으로 잘 알려진 네덜란드의 아마추
   어 은행나무 연구가 코르 콴트(Cor Kwant)를 발견한다. 그는
   고교 교사로서 은행나무에 대한 온갖 자료를 전 세계로부터 수
   집하고 사진을 촬영(동영상 포함)하여 그 내용을 다채롭게 홈
   페이지(The Ginkgo Pages)와 블로그를 통해 알리고 있다.
   홈페이지 : www.xs4all.nl/~kwanten.
   전자우편 : ginkgoforum@xs4all.nl

5. 허바우 농장 : 전북 고창군 공음년 석교리에 있는 이 농장은
   '선봉장'이라는 은행나무 품종 묘목을 보급하는 곳으로 알려져
   있다. 선봉장은 성장이 빠르고, 접목을 해도 직립하여 자라며,
   그 씨가 길이 2.5cm 정도로 크다. 이 농장의 홈페이지에도 은
   행나무 재배법에 대해 많은 내용이 소개되어 있다.

6. 행촌주말농장 : 홈페이지를 통해 은행나무 재배 요령을 성실하
   게 설명하고 있다. 은행나무 농장을 계획하는 분은 참조하기
   바란다.

7. 은행나무농장 : 홈페이지에 은행나무 재배 요령과 접붙이는 법
   등을 소개하고 있다.

8. 강원도 홍천 은행나무숲 : 홍천군 내면 광원리 내설악 골짜기에
   있는 은행나무숲이다. 2010년부터 가을 단풍 여행지로 유명해
   진 이 농장에는 약 15,000평에 30년생 은행나무가 줄을 지어
   숲을 이루고 있다.

한국 은행나무 노거수의 전설과 문화

수령이 높은 현존 은행나무는 서로 비슷한 전설을 가지고 있다. 나무에 엄청나게 큰 구렁이가 살고 있거나, 가지를 자르면 피가 흐른다거나 나라가 어려워지려 하면 이상한 소리가 난다는 등의 내용이다. 이러한 전설은 나무를 보호하려는 조상들의 지혜에서 나온 것으로 생각된다. 은행나무의 전설이라든가 우리 문화와의 관계는 위에 소개한 책을 통해 읽기 바란다.

고규홍 선생과 김현우 선생이 집필한 은행나무 책에는 경북 영주시 순흥면 소수서원 근처에 자라는 '금성단 압각수' '금성단 은행나무' 또는 '순흥 압각수'라 불리는 수령 1,100년인 은행나무의 전설을 의미깊게 소개하고 있다. 약 550년 전인 1456년에 세종의 6째 왕자인 금성대군이 단종 복위 운동을 하다가 세조에 의해 이곳으로 유배되어 은행나무 가까이서 지내게 되었고, 그가 타계하자 이 은행나무도 고사했다는 것이다. 그러나 200여년이 지난 1717년 숙종 때, 과거에 억울하게 죽은 선비들을 제사지내게 되자, 죽은 나무에서 다시 움이 터 살아났다는 것이다.

과학적으로 200년이나 죽어있던 나무가 살아날 수는 없다. 아마도 은행나무를 통해 우리나라 역사 속의 슬픈 일을 전설로 전한 문화유산의 하나일 것이다. 은행나무 노거수들은 역사적인 많은 전설을 가지고 있다. 그 이유는 은행나무들이 학문의 전당이었던 서원이나 명륜당 등에 자라고 있으므로, 역사 속의 중요 인물과 선비들의 애사(哀史)를 은행나무와 연결하여 전하고 있다는 생각이 든다.

경주시 강동면 왕신리 78번지에는 '운곡서원'이 있다. 이 서원에 자라는 수령 350년의 은행나무도 금성단 은행나무와 연관된 전설을 가지고 있다. 이 서원에는 '향정원'이라는 작은 부속건물이 있는데, 이 향정원은 '신라전통발효식품연구소'이기도 하다. 향정원을 소개하는 블로그에 아름다운 은행나무 시가 있어 소개한다.

나무에 대하여

정호승

나는 곧은 나무보다
굽은 나무가 더 아름답다.
곧은 나무의 그림자보다
굽은 나무의 그림자가 더 사랑스럽다.
함박눈도 곧은 나무보다
굽은 나무에 더 많이 쌓인다.
그늘도 곧은 나무보다
굽은 나무에 더 그늘져
잠들고 싶은 사람이 찾아와 잠이 든다.
새들도 곧은 나뭇가지보다
굽은 나뭇가지에 더 많이 날아와 앉는다.
곧은 나뭇가지는 자기의 그림자가
구부러지는 것을 싫어하나
고통의 무게를 견딜 줄 아는
굽은 나무는 자기의 그림자가
구부러지는 것을 싫어하지 않는다.

젊은 은행나무는 대개 곧게 자라나, 나이가 들면서 가지를 옆으로 뻗으며 굽은 나무가 된다. 위의 시 속에는 인간의 모습이 녹아 있다.

* 천연기념물로 지정된 은행나무(2011년 현재)

* 우리나라에서 천연기념물로 지정된 식물은 총 153그루이며, 이중 은행나무는 22그루이다. 시도기념물로 지정된 은행나무는 30건 등재되어 있고, 그 외 각 지방자치단체에서 보호수로 정한 은행나무가 전국적으로 수백 그루 있다.

순서	지정번호	지정 명칭	소재지	관리자	지정년도, 수령, 성별
1	30호	양평 용문사 은행나무	경기도 양평군 용문면 신점리	양평군	62년, 1100년, 암
2	59호	서울 문묘 은행나무	서울 종로구 명륜동 3가 53	서울	62년, 480년, 수
3	64호	울주 구량리 은행나무	울산광역시 울주군 두서면 구량리	울주군	62년, 550년, 수
4	76호	영월 하송리 은행나무	강원도 영월읍 하송리 190-4	영월군	62년, 1200년, 암
5	84호	금산 요광리 은행나무	충남 금산군 추부면 요광리 329-8	금산군	62년, 1000년, 암
6	165호	괴산 읍내리 은행나무	충북 괴산군 청안면 읍내리	괴산군	64년, 1000년, 암
7	166호	주문진 장덕리은행나무	강원도 강릉시 주문진읍 장덕리	강릉시	64년, 800년, 수
8	167호	원주 반계리 은행나무	강원도 원주시 문막읍 반계리	원주시	64년, 1000년, 수
9	175호	안동 용계 은행나무	경북 안동시 길안면 용계리	안동시	66년, 700년, 암
10	223호	영동 영국사 은행나무	충북 영동군 양산면 누교리	영동군	70년, 1000년, 암
11	225호	선산 농소 은행나무	경북 구미시 옥성면 농소2리	구미시	70년, 400년, 암
12	300호	금릉 대덕면 은행나무	경북 김천시 대덕면 조룡리	김천시	82년, 500년, 암

13	301호	청도 이서면 은행나무	경북 청도군 이서면 대전리	청도군	82년, 400년, 수
14	302호	의령 유곡면 은행나무	경남 의령군 유곡면 세간리	의령군	82년, 600년, 암
15	303호	화순 이서면 은행나무	전남 화순군 이서면 야사리	화순군	82년, 500년, 암
16	304호	강화 서도면 은행나무	인천 강화군 서도면 불음도리	강화군	82년, 800년, 수
17	320호	부여 내산면 은행나무	충남 부여군 내산면 주암리	부여군	82년, 1000년, 암
18	365호	금산 보석사 은행나무	충남 금산군 남이면 석동리	금산군	90년, 1111년, 암
19	385호	강진 병영면 은행나무	전남 강진군 병영면 성동리	강진군	97년, 800년, 암
20	402호	청도 적천사 은행나무	경북 청도 청도읍 원리 산 217	청도군	98년, 800년, 암
21	406호	함양 문곡리 은행나무	경남 함양군 서하면 운곡리	함양군	99년, 8-1000, 수
22	482호	담양 봉안리 은행나무	전남 담양군 무정면 봉안리	담양군	07년, 500년, 암

제 5 장
은행나무의 식물 과학

🍃 은행나무 잎의 특성

* 독특한 부채꼴 디자인

일반인이 나무의 잎 모양만 보고 어떤 종류의 나무인지 판별하기는 그리 쉽지 않다. 그러나 은행나무 잎을 모르는 사람은 없다. 은행나무 잎의 특징이 다른 나무의 잎과 너무나 뚜렷이 구별되기 때문이다.

은행나무 잎의 또 다른 특징은 가을 단풍 색이 절정기에 이르렀을 때, 다른 나무의 단풍잎과 달리 순수한 노란색이라는 것이다. 은행나무의 낙엽에는 분홍이나 갈색이 섞이지 않았다.

은행나무를 생각하면 먼저 떠오르는 모습이 부채꼴 잎 모양이다. 일반적으로 은행잎은 가장자리가 갈라짐 없이 매끈하거나, 중간 부분이 조금 갈라져 있고, 잎맥(엽맥 葉脈)은 부채 살처럼 펼쳐져 있다. 그들의 잎 길이는 대개 5~8cm인데 드물게 15cm나 되는 것도 있다. 은행잎은 옆으로 더 길어 좌우의 폭이 15~20cm에 이르는 것도 발견된다. 잎의 모양은 수령에 따라 차이가 있다. 부채꼴은 크게

씨가 싹터 자라나온 은행나무 묘목의 잎 모양은 중생대의 선조들이 가졌던 잎을 닮아 있다. 그러나 나무가 자라면서 부채꼴 잎이 생겨난다.

자란 나무에서 나오는 잎 모습이다. 묘목일 때는 잎의 중간이 깊게 갈라져 있으며 잎 주변이 들쑥날쑥한데, 큰 나무로 성장해가면서 차츰 부채꼴로 되는 것이다. 금방 발아하여 나온 어린 나무의 잎 모습은 고대 화석의 잎을 닮아 있다.

은행나무 잎은 매우 흥미로운 의문들을 가지고 있다. 그 중의 하나는 두 갈래로 보이는 현재의 잎 모양이 처음부터 그런 것인지, 아니면 진화 도중에 둘 또는 몇 개의 잎이 합해진 결과인지 판명되지 않고 있는 것이다. 이 의문은 지금도 풀리지 않았다.

은행나무는 잎이 넓게 펼쳐져 있어 활엽수로 생각되지만, 잎을 햇빛에 비추어 잎맥을 관찰해보면, 여러 가닥의 가느다란 잎맥들이 방사상으로 뻗어 있는 것을 본다. 이것은 바늘잎(침엽針葉)을 서로 붙여놓은 침엽수에 가까운 잎이기 때문이다. 은행잎은 같은 나무일지라도 짧은 가지(끈의 매듭처럼 보임)에서 나온 잎 모양과 긴 가지에서 자란 것에도 모양 차이가 다소 있다. 짧은 가지에서는 여러 개의 잎이 총생(叢生; 무더기로 몰려 남)한 것처럼 나오고, 잎들의 모양은 대개 부채꼴이다.

은행잎 중에는 모양이 조금씩 다른 변형이 발견되기도 한다. 관처럼 생긴 것(tubiformis), 3쪽으로 갈라진 것(triloba), 종 모양(pendule), 원뿔형 등이 있다. 아주 드물게 어떤 암그루에서는 잎 가장자리에 배주(胚珠 ; 나중에 씨가 되는 조직)가 달리는 것이 있으며, 수나무 중에는 잎에 꽃가루 주머니가 생겨나기도 한다. 이것은 은행나무에서만 볼 수 있는 매우 신비로운 현상의 하나이다. 잎 가장자리에 배주나 꽃가루 주머니가 달리는 이유를 알기 위해 19세기부터 논의되어 왔으나 아직도 의문으로 남았다.

은행잎은 약간 두툼하며, 앞뒤 양면이 큐티클(cuticle)로 덮여 있는 혁질(革質)이다. 큐티클이란 동물이나 식물이 자신의 몸 표면을 보호하기 위해 스스로 합성하는 물질이다. 손톱과 발톱의 성분이 큐티클이고, 곤충의 단단한 피부 역시 큐티클이다. 식물의 경우 잎 표면을 덮은 큐티클은 물에 젖지 않도록 하고, 잎으로부터 수분이 탈출하는 것을 방지하며, 세균의 침입을 막아주는 역할을 한다. 연잎에 떨어진 물방울은 표면의 두터운 큐티클 층 때문에 구슬처럼 굴러다닌다. 큐티클은 물에 녹지 않는 성질을 가진 단백질의 일종이며, 화학적 성분은 동식물의 종류에 따라 차이가 있다. 식물의 큐티클은 지방산인 왁스(wax) 성분과 결합해 있다.

은행잎을 햇빛에 비추어 보면, 여러 개의 잎맥(헛물관)이 나란 붙어 있는 것을 볼 수 있다. 이 잎맥은 잎 가장자리로 가면서 2가닥으로 2~5차례 분지(分枝)하여 부채꼴을 만들어간다. 이 잎맥은 이웃 잎맥과 연결되지 않는다. 직선 잎맥 모양은 은행나무가 침엽수에 가까움을 나타낸다. 오른쪽의 활엽수 잎맥은 그물처럼 되어 있다.

일반적인 활엽수의 잎은 사진과 같이 굵은 잎맥과 가느다란 잎맥이 그물을 이루고 있다.

식물의 가지에서 잎이 나오는 부분을 잎눈(엽액 葉腋)이라 부른다. 은행나무는 한곳(매듭처럼 보임)에서 몇 개의 잎이 모여 나오는데, 이것은 잎과 잎 사이의 간격(마디 간격)이 너무 짧아 겹쳐 있기 때문이다. 성목(成木)이 된 잎눈에서는 잎과 함께 꽃(암꽃, 수꽃)도 나온다.

일반적인 나무의 경우, 잎들은 하나의 눈에서 하나씩 나온다. 그러나 은행나무의 가지에서 나오는 잎눈(葉芽)을 보면, 매듭처럼 생긴 눈에서 한꺼번에 4~7개의 잎이 나오는 것을 볼 수 있다. 만일 그 나무가 꽃을 피우는 성목이라면 잎들 사이에서 암꽃 또는 수꽃이 3~6개씩 함께 나오는 것을 볼 수 있다. 그리고 무더기로 나온 잎의 잎자루(葉柄 petiole)는 잎마다 길이가 다르다.

동물은 어느 한계까지 자라면 더 이상 생장하지 않지만, 식물은 살아있는 동안 생장을 계속한다. 식물의 생장은 줄기 끝, 가지와 잎 (자루) 사이의 곁눈(액아腋芽), 뿌리의 끝, 그리고 관다발에 있는 '분열조직'(meristem)의 세포가 끊임없이 분열함에 따라 이루어진다. 식물학자들은 이 분열조직에 대해 큰 흥미를 가지고 있다. "분열조직은 어떻게 잎, 줄기, 뿌리, 암꽃, 수꽃 등의 식물 조직을 필요할 때마다 다르게 만들어 각기 고유의 기능을 갖도록 하는가?" 그 동안 이 의문에 대해 많은 답을 찾아내기는 했지만, 모든 것을 알기까지는 끝없이 연구가 진행될 것이다.

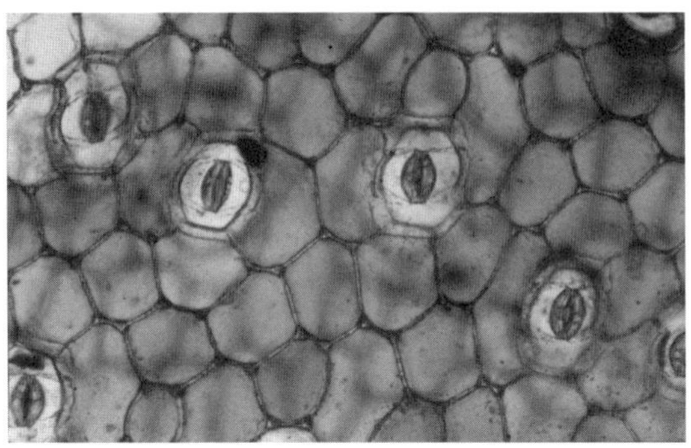

식물의 잎 앞면과 뒷면에 있는 숨구멍(기공)은 자연스럽게 열리고 닫히도록 되어 있다. 숨구멍이 많으면 수분 탈출이 빠르다.

은행나무의 잎맥은 다른 활엽수와 크게 다르다. 그들의 잎맥(물과 영양이 흐르는 헛물관)은 잎자루 끝에서 부채살처럼 펼쳐지면서 가장자리로 뻗어 있다. 각 잎맥을 구성하는 헛물관은 잎 끝으로 가면서 연속해서 2가닥으로 나뉘는 '이분(二分) 잎맥'(차상맥 叉狀脈) 형태를 하고 있다. 다른 활엽수의 잎은 중심이 되는 '중맥'(中脈)이 있지만 은행잎에는 생기지 않는다.

은행나무는 원시적인 관다발식물에 해당한다. 은행나무 잎에는 숨구멍(기공氣孔)이 많지 않은데, 잎 표면에는 소수가 있고. 뒷면에 다수가 있다. 잎 전면에 숨구멍이 적은 것은 건조할 때 잎으로부터 수분이 많이 증산되는 것을 막아준다.

가지에서 잎이 나오는 부분을 잎눈(葉芽)이라 하는데, 일반 활엽수에서는 하나의 잎눈에서 하나의 잎(또는 새 가지)이 나온다. 그러나 은행잎은 하나의 잎눈에서 여러 개가 모여 나온다. 이것은 한곳에 잎눈이 촘촘히 붙어 있기 때문이다.

은행잎의 모양을 잘 보면, 길게 뻗어나간 가지에서 난 잎들은 잎 중간이 둘로 갈라진 것이 많으며, 잎이 붙어있는 위치에 따라 다소 모양 차이가 나타나기도 한다.

식물이든 동물이든 모든 생명체의 존재 목적은 더 많은 자손을 퍼뜨리는 것에 있다. 이를 위해 생명체들은 성장하면서 생식(生殖) 활동을 한다. 식물은 생장과 생식을 위해 이산화탄소와 물과 무기물을 원료로 하고, 여기에 태양에너지를 받아 영양분을 만드는 '광합성' 작용을 한다. 그 동안 과학자들은 광합성의 신비를 많이 밝혀내기도 했지만, 아직도 모르는 신비가 가득하다. 식물이 자라면서 가지와 잎을 내고, 뿌리를 더 깊고 멀리 뻗으면서 자랄 수 있는 것은 끊임없이 광합성을 하여 영양분을 생산하기 때문이다.

식물은 광합성으로 생산한 물질을 영양분으로 저장했다가 생장과 생식활동에 필요한 에너지로 사용한다. 수없이 많은 잎을 달고 있는 은행나무는 엄청난 양의 영양분을 생산하면서 성장하고, 암수 꽃을 피우고, 수정하여 씨를 만든다. 은행나무가 만든 씨 하나하나에는 영양분이 가득하다. 이 영양분 때문에 씨를 퍼뜨려줄 인간을 찾아오게 할 수 있고, 땅에 떨어졌을 때 새로운 식물체로 성장할 수 있다.

은행나무는 산소를 가장 많이 배출하는 식물의 하나로 알려져 있다. 벌레가 먹지 않는 은행나무 잎은 짙은 녹음을 유지하면서 광합성 작용을 더 많이 한다. 특히 암나무의 경우에는 엄청난 양의 열매를 매달고 있기 때문에 그들을 영글게 하기 위해 광합성을 적극적으로 하지 않을 수 없다. 은행나무는 해마다 많은 양의 결실을 하지만 해걸이(해를 바꾸어 많이 열었다 적게 열었다 하는 현상)를 하는 일도 없다.

잎은 왜 떨어지는가?

식물은 움직이지 못한다. 그러므로 환경 변화가 오면 고스란히 그

자리에서 견뎌내야 한다. 계절이 변하여 기온이 떨어지거나, 가뭄으로 토양이 건조해지거나 하면, 이동하지 못하고 생장을 중지하게 된다. 기온이 강하하면 식물의 잎에서 일어나던 광합성이라는 화학반응이 더 이상 진행될 수 없게 된다. 이때 은행나무는 겨울을 대비하여 더 이상 기능을 하지 못하는 잎을 모두 떨어버린다. 은행나무 잎은 잎자루가 가지와 붙어 있는 곳에 '이층'(離層)이라 불리는 연약한 조직이 생겨나 바람의 힘에 의해 그 자리가 자연스럽게 떨어진다. 낙엽의 세포는 스스로를 죽여 모수(母樹)를 살리고 있는 것이다.

식물은 일생동안 광합성을 계속하여 자신의 몸 크기를 불려 나간다. 수백 년 자란 은행나무라든가 느티나무의 거대한 모습이 바로 그 결과이다. 반면에 동물들은 필요한 영양분을 다른 곳으로부터 끊임없이 흡수해야 살아간다. 동물은 일정한 크기로 성장하면 더 이상

노랗게 물든 은행잎은 늦가을까지 상당 기간 매달려 있다가 기온이 뚝 떨어지고 강풍이 불거나 비가 내릴 때, 한꺼번에 우수수 쏟아져 잠간 사이에 나무 밑에 황금 카펫을 깐다. 그늘지거나 환경이 나쁜 땅의 은행나무는 일찍 단풍이 들고 떨어진다.

몸통이 불어나지 않는다. 만일 동물체도 식물처럼 마구 커진다면 얼마 못가 그 체중 때문에 살아갈 수 없을 것이다.

동물은 자신의 몸이 더 커지지 않도록 하는 방법을 알고 있다. 그것은 몸에서 생겨난 쓰레기나 필요 이상의 영양분을 체외로 배출하는 것이다. 그런데 식물은 배설기관을 아예 분화시키지 않았다. 그러나 그들도 배설을 한다. 식물의 배설 방법은 생존에 불리한 겨울이라든가 건조기가 왔을 때 잎을 떨어버리는 것이다. 사람들은 가을 낙엽을 두고 온갖 예찬을 하지만, 식물의 입장에서 보면 생존을 위한 행동인 것이다. 잎을 쏟아버리고 나면, 생존에 필요한 영양분의 양은 최소한으로 줄어들 것이며, 식물체 어딘가에 독특한 방법으로 저장해둔 영양만으로 봄을 기다리거나, 비가 내리는 계절까지 생존할 수 있는 것이다.

식물의 낙엽은 어딘가에 쌓여 다른 미생물(부패 박테리아나 곰팡

나무 밑에 두텁게 쌓여 겨울을 보낸 낙엽은 대부분 부패하고 윗자리에 놓인 것만 건조한 상태로 남아 있다. 은행나무 낙엽은 불이 잘 붙지도 않고 타기도 어렵다. 낙엽은 많은 수분을 저장하고 있다.

이)과 그 속에 사는 여러 곤충과 하등동물 등의 생존에 필요한 영양이 되고, 끝내 부패하여 조직이 분해되면, 식물의 뿌리가 흡수할 수 있는 질소, 인산, 칼륨, 마그네슘 등의 비료 성분이 된다. '자연의 재순환'은 이렇게 절묘하게 이루어진다.

노목이 된 은행나무는 엄청난 양의 낙엽을 땅에 뿌린다. 은행잎을 갉아먹는 해충은 극히 드물다. 또 은행나무 낙엽은 다른 나뭇잎과 달라, 불이 잘 붙지도 않고 쉽게 타지도 않는다. 땅 위에 두툼하게 깔린 낙엽의 카펫에 비가 내려 젖으면 겨우내 축축한 상태로 있어, 어디선가 불씨가 날아오더라도 쉽게 불붙지도 타지도 않아 어미나무를 화재로부터 보호한다.

* 은행나무 잎의 황색 성분

가을의 상징이 되는 은행나무 잎의 황색은 플라보노이드(flavonoid)라 불리는 화합물에서 나오는 색이다. 플라보노이드는 노란색을 의미하는 라틴어 *flavus*로부터 따온 용어이다. 여름철의 은행잎에는 녹색을 내는 엽록소와 플라보노이드가 함께 있다. 이 두 화합물은 잎의 세포액에 녹아 있다. 하절기에는 초록색이 워낙 강하기 때문에 연두색은 나타내지만 노란색은 거의 보이지 않는다. 여름 동안 플라보노이드는 태양빛을 흡수하여 광합성에 필요한 에너지를 전달해주는 역할을 하며, 엽록

고목의 수피에서 여러 장의 잎과 수꽃이 자라나와 있다. 은행나무는 수피가 두껍게 덮인 늙은 줄기나 가지에서도 수피를 뚫고 새로 싹이 나오기도 하는데, 이런 눈을 맹아(萌芽) 또는 부정아라 부른다.

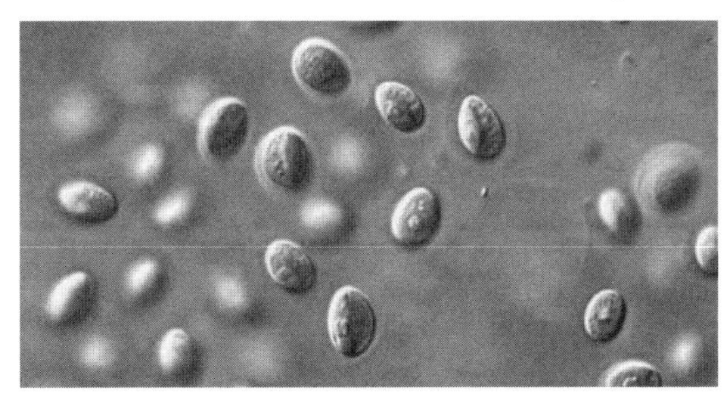

은행나무의 조직 속에는 코코믹사(Coccomyxa)
라 부르는 단세포의 녹색 조류(綠藻類)가 공생한
다. 이것은 단세포 미생물의 세포 속에 하등식물
(남조류)의 엽록체가 들어가 공생하게 됨으로써 최
초로 단세포의 식물이 탄생했다는 하나의 증거가
된다.

소 분자가 강한 햇빛에 파괴되는 것을 막아주는 역할까지 한다. 가을이 와 기온이 내려가면, 엽록소 분자는 저온에 약하여 분자가 파괴되면서 녹색을 잃는다. 이때 엽록소의 진한 녹색은 퇴색하고 가려있던 노란색이 드러나게 된다.

은행나무 잎의 색은 회녹색, 노랑, 검은 녹색 등으로 차이가 있지만, 가을에는 전부 황금색으로 변한다. 은행잎은 잎자루에 달린 상태로 미풍에 잘 흔들린다. 이것은 무성한 잎 사이로 공기가 잘 통하도록 하는 방법이기도 하다.

가을이 오면 은행나무는 노란색으로 물들어 있다가, 낙엽이 질 때는 강풍이 불거나 하면 하루 이틀 사이에 그 많은 잎들이 비처럼 우수수 떨어버린다. 이런 광경은 은행나무 낙엽에서만 볼 수 있으며, 이런 때는 나무 밑이 순식간에 황금색 카펫으로 변한다.

매우 흥미롭게도 은행나무 잎이 땅에 떨어지면, 파라독사 (*Barthelatis paradoxa*)라는 곰팡이가 자라게 되는데, 이 곰팡이는 다른 데서는 볼 수 없고 오직 낙엽진 은행잎에만 산다. '화석 식물'이라 불리는 은행나무에 사는 이 곰팡이 종류 역시 중생대로부터 은행나무와 함께 살아온 '화석 곰팡이'라 불리고 있다. 아마도 은행나무와 함께 공존해온 특이한 미생물인 모양이다.

또 한 가지, 은행나무의 뿌리에는 마이코리자(vesicular-arbuscular mycorryzae, VAM)라는 곰팡이류가 흔히 공생하고 있는데, 이 미생물은 은행나무 뿌리가 인(燐)을 잘 흡수하도록 돕는 역할을 하는 것

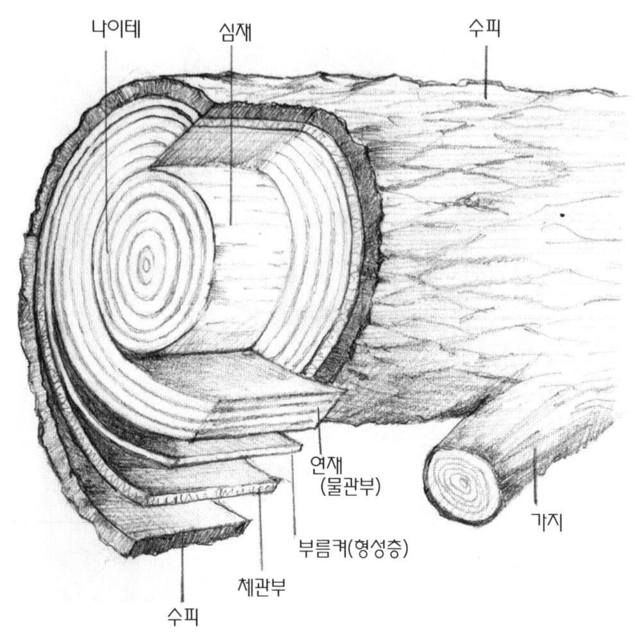

일반적인 나무의 줄기 구조를 나타낸다. 은행나무의 줄기도 이와 비슷하며, 다만 은행나무는 나자식물이기 때문에 물을 운반하는 헛물관 구조를 가지고 있다.

으로 알려져 있다.

신비스럽게도 은행나무의 잎 조직 속에는 코코믹사(Coccomyxa)라 부르는 단세포의 녹색 조류(綠藻類)가 공생한다. 이런 공생 조류는 다른 식물에서는 발견되지 않는다. 원생동물인 집신벌레 종류(*Paramecium bursaria*)의 세포 속에는 단세포 녹조가 공생하고 있다.

🍃 은행나무의 줄기

인간은 거대한 성당이나 사원을 매우 아름답게 건축한다. 그러나 어떤 건축가도 그 건물이 나무처럼 매일, 해마다 성장하도록 축조할 수는 없다. 세코이어(Sequoia, red wood) 같은 나무는 끊임없이 키가 자라고 원줄기의 직경이 불어나면서 거의 100m에 이르는 높이로 생장할 수 있다. 작은 씨 하나가 발아하여 온갖 화학물질을 스스로 생산하면서 튼튼하고 효과적인 구조로 성장해간 것이다.

일반적인 나무의 목재는 수많은 물관(xylem)이 다발을 이루어 모인 조직으로 마치 수백만 개의 미세한 스트로를 한데 모은 다발에 비유할 수 있다. 이 물관들을 구성하는 세포벽의 중요 성분이 섬유질(cellulose)이다. 나무줄기가 굵어지는 것은 새로운 물관부가 계속 생겨나 추가되기 때문이다. 나무라는 이름을 가졌더라도 재목이 되

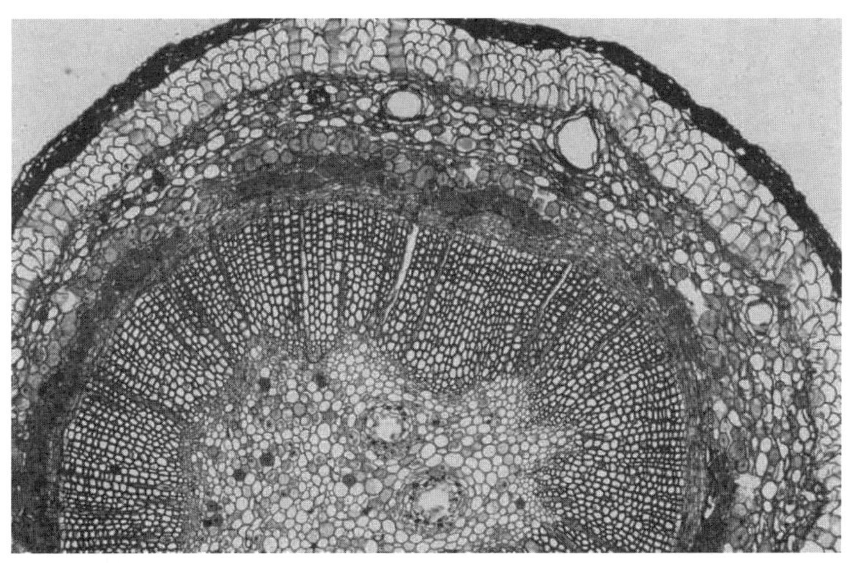

은행나무의 어린 가지를 잘라 종단면(縱斷面)을 현미경으로 본 것이다. 중앙에 스트로를 가득 붙여둔 것 같은 것이 뿌리의 물이 오르는 '헛물관'이고, 수피 쪽의 조직은 잎에서 생산된 영양분이 뿌리나 다른 조직으로 운반되는 체관 조직이다. '체관'이라는 말은 체관세포의 관(管)이 이어지는 부분에 체와 같은 구멍이 가득 있기 때문에 붙여진 것이다. 물관과 체관 사이에 있는 좁다란 부름켜(형성층) 조직은 안쪽으로는 물관, 바깥쪽으로는 체관을 만드는 분열조직이다. 물관(또는 헛물관)과 체관이 있는 조직을 '관다발'(도관 導管)이라 한다.

지 못하는 나무가 있다. 예를 들어 외떡잎식물인 대나무는 나무라고 부르지만 그 줄기를 목재로 쓸 수 없다.

물관부는 뿌리에서 빨아올린 물과 무기물이 나무의 모든 잎까지 전달되는 송수관이다. 이 송수관은 자연의 고압펌프 작용으로 최고 약 100m까지 물을 올려보낸다. 물관부를 제조해내는 장소는 수피 (樹皮) 바로 안쪽 둘레에 있는 형성층(부름켜)이라는 얇은 조직이다. 이 조직은 새로운 물관(또는 헛물관)세포를 안쪽으로 계속 만들어 줄기가 차츰 굵어지도록 한다. 또한 이 형성층은 물관부와 반대되는 바깥(수피) 쪽으로 체관부를 만든다. 체관부는 잎에서 생산된 영양분 이 다른 부분으로 공급되는 수송로이다. 물관부와 체관부를 관다발 조직(vascular tissue)이라 부른다.

은행나무의 수피는 두텁고 코르크질이 많아 불에 강하다. 은행나무는 조림지나 사찰 주변의 방화수로 적합하다. 은행나무가 절 주변을 둘러싸고 있으면, 산불이 오더라도 방화 역할을 할 수 있다.

날씨가 따뜻하면 부름켜는 물관세포를 빨리 생산하고, 기온이 낮고 환경이 나쁘면 느리게 만든다. 그 결과 목재에는 봄-여름에 만들어진 색이 옅고 폭이 넓은 춘재(春材)와, 가을에 형성된 색이 짙고 폭이 좁은 추재(秋材)가 생겨난다. 통나무의 중심에서부터 밖으로 나가면서 그려진 동심원의 나이테(연륜年輪)는 이렇게 해서 만들어진다. 나이테는 여름과 겨울 기온 변화에 의해 생겨나지만, 늘 따뜻한 열대지방에서는 우기와 건기에 따라 만들어지기도

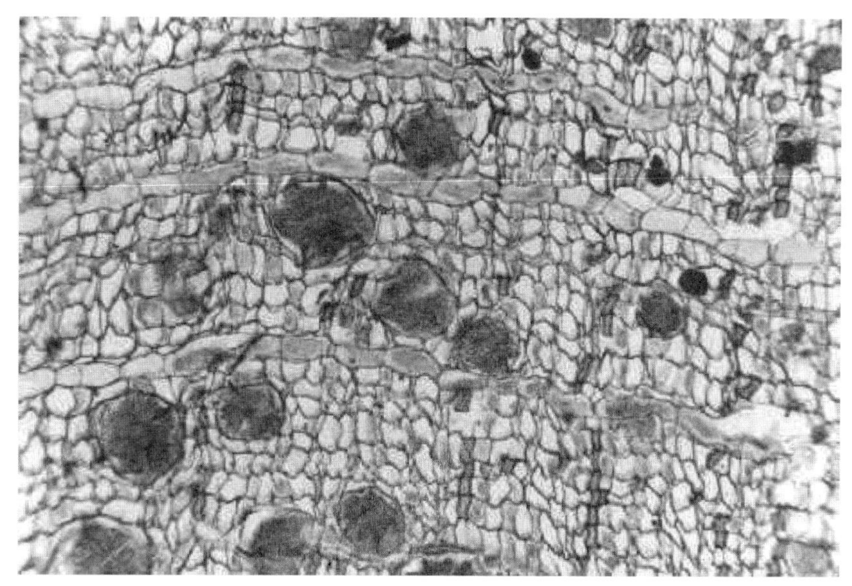

은행나무(나자식물)의 물관은 피자식물의 물관과 구조에 약간의 차이가 있어 헛물관(가도관)이라 부른다. 사진은 은행나무의 헛물관 주변에 흩어져 있는 산화칼슘 결정체들이다. 이 결정체는 해충의 접근을 방지하는 것으로 알려져 있다.

한다. 수령(樹齡)은 나이테를 헤아려 알 수 있다. 나이테의 생장 상태를 조사하여 과거 연대(年代)의 기상 상황을 연구하는 학문을 '연륜연대학' (dendrochronology)이라 한다. 연륜연대학은 기상학 및 고고학 연구에 중요한 정보를 제공한다.

수목들의 물관세포는 생겨나고 얼마 못가 죽어버리는데, 죽은 물관은 송수 역할을 하지 못하게 된다. 물관세포가 죽어 도관(導管)으로서의 기능을 잃어버리면, 그들의 세포벽과 물관 내부는 리그닌이라든가 타닌과 같은 물질로 매워져 매우 강인한 목재로 된다. 만일 죽은 물관이 해마다 추가되어 목재가 되지 않는다면, 그 나무는 대자연의 강풍과 적설 등을 견디며 키 높이 자라 수백년을 장수하는 식물이 되지 못할 것이다. 목재의 중심부를 차지하는 물관부는 심재(心材)라 하고, 물관세포가 아직 살아 활동하는 주변의 물관부는 변재(邊材)라 한다.

147

바깥쪽으로 불어나는 체관세포는 오래된 것일수록 수피(樹皮) 쪽으로 밀려나가고, 새로 생기는 체관세포는 안쪽을 차지하게 된다. 수명을 다하고 죽은 체관세포는 수피와 결합하여 목재 내부를 보호하는 수피의 일부가 된다. 수피를 벗겨냈을 때, 떨어져 나온 부분은 죽은 체관들이고, 그 안쪽은 살아있는 체관 세포들이다.

많은 종류의 나무는 형성층 바깥에 제2의 형성층(코르크 형성층)이 있어, 그곳에서 코르크 세포를 만든다. 코르크 세포는 물관세포를 닮았으며, 곧 죽어 코르크층을 이루게 된다. 코르크층은 수분의 침투와 탈출을 막으며, 병충해라든가 외부의 충격, 화재 등으로부터 보호하는 역할을 한다. 은행나무 수피는 두터우면서 열에 강하기 때문에 장수하는데 도움이 되어 왔다.

모든 나무는 수피에 코르크층을 얼마큼 가지고 있으며, 특히 참나무 종류라든가 마다가스카르에 자라는 바오바브나무의 코르크층은 유난히 두텁다. 수목 전문가들은 수피의 다양한 색과 형상과 기타 특징을 살펴 나무의 종류를 구분할 수 있다.

많은 나무들은 수피가 수시로 벗겨지고 있다. 플라타너스와 같은 나무는 수피가 양파의 껍질처럼 벗겨진다. 열대우림의 많은 나무들은 그들의 수피에 온갖 착생식물들이 붙어 자라고 있다. 세월이 지나면 그 가지는 차츰 무게를 못 이겨 부러질 위험이 많아진다. 이럴 때 수피가 자연히 벗겨지면, 착생식물들의 중압(重壓)에서 벗어날 수 있게 된다.

나무줄기를 길이로 잘랐을 때 보이는 나뭇결의 색과 모양은 수목의 종류에 따라 다르기 때문에, 전문가들은 재목의 무늬만 보아도 수종을 짐작한다. 각 나무의 결은 마치 지문(指紋)이 그렇듯이, 같은 종류의 수목일지라도 제각기 다른 모양을 가지고 있다. 그러므로 나무로 된 넓은 마루나 벽을 살펴보았을 때, 결 모양이 완전히 같은 것은 찾을 수 없다. 은행나무 수피는 연한 갈색 또는 회갈색이며, 수령이 오래된 수피는 깊게 주름이 파인 코르크질로 싸여 있다.

　식물의 뿌리는 식물체 전체의 절반을 차지하지만, 보이지 않으므로 일반인들의 관심을 끌지 않는다. 그러나 농부나 식물학자들에게는 뿌리가 줄기와 마찬가지로 중요하다. 식물은 종류에 따라 뿌리의 구조와 기능이 퍽 다양하다. 일반적인 수목의 뿌리를 보면, 굵은 것(根幹)에서부터 중간 뿌리(측근側根), 더 작은 뿌리(세근細根), 그리고 맨 끝에 가서는 눈에 보이지도 않는 뿌리털(모근毛根)까지 있다. 뿌리의 내부 구조는 줄기와 비슷하지만, 하는 일은 크게 다르다. 뿌리의 역할은 크게 4가지로 생각할 수 있다.

1. 흙으로부터 물과 무기 영양분을 흡수한다.
2. 식물체를 땅에 고착시키고 있다.
3. 영양분을 저장해둔다.
4. 뿌리는 자신을 보호하기 위해 스스로 굵고 가느다란 측근을 그물처럼 효과적으로 뻗어 자기 영역의 토양 유실을 방지한다.

　콩과식물의 뿌리에 뿌리혹박테리아가 공생하고 있듯이, 은행나무 뿌리에는 곰팡이류(근균 根菌)가 공생하고 있다. 그러나 그들 사이의 관계에 대해서는 잘 알려져 있지 않다. 또 식물의 뿌리에서는 사이토키닌(cytokinin)이라는 생장조절물질이 만들어지고 있다. 이 물질은 지상부의 줄기가 잘 자라도록 하는 작용을 한다.

　식물의 뿌리는 그 끝에 '정단(頂端)분열조직'이라 부르는 특별한 조직이 있다. 이곳의 세포는 세포분열을 왕성하게 하여 뿌리가 길이로 뻗어나가도록 하는 뿌리의 생장점인 것이다. 흥미롭게도 은행나무의 원뿌리와 곁뿌리(측근) 곳곳에는 새로운 줄기를 발생시키는 맹아(근맹아 根萌芽)가 있어, 새롭게 2차 줄기를 키워내기를 잘 한다 (154쪽의 유주 편 참고).

　식물들이 뿌리를 얼마나 깊이 뻗는가는 수목 종류에 따라 다르다.

은행나무 씨가 발아하여 새순과 뿌리가 자라 있다.

기록적으로 가장 깊게 내린 뿌리는 칼라하리 사막에 사는 보치아(*Boscia albitrunca*)라는 나무의 뿌리로서 68m 깊이까지 내려가 있었다. 은행나무의 뿌리는 깊이보다 옆으로 넓게 뻗는 성질이 강하다. 그러므로 은행나무 보호수 주변에 석축을 쌓고, 보도블록으로 덮고 하는 것은 생장에 불리한 조건이 된다.

은행나무 뿌리는 지상부 기관이 노쇠하거나 심한 상처를 입으면 맹아로부터 새순을 잘 내어 영양번식을 하는 성질이 있으므로, 가지를 잘라 삽목하듯이 뿌리를 절단하여 삽근(揷根)을 해도 새로운 식물체로 자랄 가능성이 있어 보인다. 그러나 이에 대한 연구는 발견하지 못했다.

🌿 은행나무 목재의 특성

은행나무 목재는 연한 노란색이고 가벼우며, 결이 곱고 윤이 나며 탄성이 좋다. 그러나 단단하지 못하여 건축에는 잘 이용하지 않는다. 은행나무 재목은 물에 젖었다가 마르기를 반복해도 수축하거나 금이 잘 가지 않는다. 또 심재(心材)와 변재(邊材)의 구분이 어렵고, 춘재(春材)와 추재(秋材)도 뚜렷하게 구별되지 않을 정도로 재질이

은행나무 목재는 부드러우면서 탄성이 강하고 수분에 강한 성질이 있다. 빨래판, 도마, 음식상 등을 만들고, 목각(木刻)과 나무 불상(佛像) 조각 재료로 이용되고 있다.

전체적으로 부드럽다. 다른 나무에 비해 재질이 연하고, 건조했을 때 비틀림이 적어 가구나 목공예품 제조에 잘 이용해 왔다.

은행나무 재목은 표면 마무리가 매끄럽게 잘 되고, 윤이 나며, 내수성도 강하다. 그러므로 선조들은 이 나무로 도마, 창문 틀, 술통, 간장통, 바둑판, 나무도장, 주판, 탁자, 차 쟁반, 나무접시, 나무잔 등 작은 목가구나 목불(木佛), 목조각과 같은 공예품을 만들어 왔다.

은행나무의 헛물관 주변에는 드루스(druse)라 부르는 산화칼슘(calcium oxalate) 성분의 결정체들이 가득 생겨 있다. 이 결정체는 은행나무 수피 조직에서도 발견되는데, 해충을 퇴치하는 작용을 한다. 산화칼슘은 신장 결석의 성분(CaC_2O_4)과 같으며, 여러 종류의 식물 세포에서 볼 수 있는 물질의 하나이다. 특히 '대황'(大黃)이라 불리는 독초의 잎과 뿌리에는 이 성분이 대량 포함되어 있다.

일반인들은 은행나무라고 하면 먼저 노거수의 우아한 모습을 생각한다. 그러나 은행나무는 줄기가 똑바로 서서 피라미드형으로 높이 자라는 수목이다. 우리가 길이나 마을에서 흔히 보는 은행나무는 대부분 인위적으로 전지를 하고 있어 자연스런 모습을 갖지 못하고 있다. 은행나무 농장이나 수목원에서 자라는 은행나무일지라도 관리가 편리하도록 지면 가까이 있는 가지는 모두 잘라버리고 있어 정상적인 수형이 아니다.

천년 사찰이나 향교(鄉校), 서원(書院) 등에서 보호하는 노거수들은 거의 전부 원줄기나 큰 줄기 일부가 부러져 나가고 없다. 원줄기가 부패하여 생긴 커다란 동공은 시멘트나 우레탄으로 메워져 있다. 또한 뿌리 주변에서 자라나오는 맹아의 가지들은 모조리 잘라버리고 있다.

젊은 은행나무는 원추형이지만, 수령이 더해가면서 옆가지를 펼쳐 부채꼴을 이

자연스럽게 자라는 은행나무의 수형은 대부분 피라미드형이다. 은행나무는 키높이 자라 수세가 강해졌을 때, 가지와 잎의 무게를 못 이겨 옆으로 기울게 된다. 사진의 은행나무는 인공적으로 수형을 다듬은 것이다.

루게 된다. 일반적으로 수고(樹高)가 30~40m에 이르면 수관(樹冠)
의 폭은 대개 9m 정도로 펼쳐지고, 수고가 50m 정도이면 수관 폭
은 10m쯤 된다. 그러다가 수령이 100년 이상 되면 가지들의 무게가
무거워 옆으로 늘어지게 되고, 이런 가지는 경사 각도가 클수록 더
큰 하중을 받게 되므로 매우 굵은 측지(側枝)가 된다. 고령이 된 은
행나무는 결국 수관이 부채처럼 넓게 펼쳐져 전체적으로 반원형의
정자나무로 변해간다. 이렇게 수형이 변해버린 늙은 은행나무는 목
재로 사용하기 나쁘다.

　은행나무를 목재로 사용할 목적으로 육림하려면 수직으로 높이
자란 원추형이 되도록 키워야 할 것이다. 만일 자라는 도중에 원줄
기가 두 가닥 또는 여러 가닥으로 나뉜다면 호재(好材)로 마땅치 않
게 될 것이다. 그런데 현재 우리나라를 포함하여 세계 어디에도 은
행나무를 목재 생산 목적으로 조성한 대규모 임목장(林木場)이 없어
보인다. 이것은 은행나무의 목재 용도와 경제성에서 큰 가치를 발견
하지 못하기 때문일 것이다.

🌿 은행나무의 생장 속도

　은행나무는 추위와 더위에 강하고 강풍에도 잘 견딘다. 바람에 강
한 이유는 재질이 단단해서가 아니라 탄력성이 좋기 때문이다. 은행
나무는 건조한 조건에도 상당히 잘 적응하지만, 빛이 잘 들고 비옥
하며 습기가 적당한 땅에서 잘 자란다. 은행나무는 빨리 자라는 나
무가 아니다. 리앙(Liang XL)의 보고에 의하면, 은행나무는 처음 30
~40년 동안에 가장 빨리 자라 수고 12m, 줄기 직경 30cm에 이른
다. 한편 수령 90년의 수고는 20m 정도이고, 줄기 직경은 약 35cm
라고 보고했다. 그러나 이러한 생장 수치는 정확한 데이터가 아니라
고 생각된다. 왜냐하면, 우리나라의 은행나무들 중에는, 15년 이내에
수고가 15m 이상 자란 것들을 볼 수 있기 때문이다.

은행나무는 뿌리가 잘 뻗어나간다. 키 30m, 수관 폭 40m, 수령 1,000년인 나무의 경우, 뿌리가 줄기로부터 37m 밖에까지 뻗어 있었다는 보고가 있다. 이것은 뿌리가 수관 폭보다 거의 2배나 멀리 뻗은 것이다. 일반적으로 같은 종의 식물이라도 건조한 땅에 자라는 것은 뿌리가 더 깊이, 더 멀리 뻗는다.

은행나무는 대개 수령이 15~20년 되어야 결실을 시작하게 되지만, 접목으로 키운 묘목은 8~10년 만에 결실하기도 한다. 그리고 생육 조건이 좋으면 보다 일찍 결실이 시작된다. 열매가 가장 많이 달리는 수령은 40세 전후부터 150~200세라고 알려져 있다. 물론 500세 이상 되어도 종실(種實)이 많이 달린다. 근래에 와서 은행나무를 대규모로 재배하게 되면서 어떤 품종은 묘목을 심어 3년 만에 종실 수확을 시작한 기록도 있고, 1헥타르에서 24,000kg의 씨를 수확했다는 보고도 있다. 은행나무의 생산성에 대한 데이터는 불확실한 편이다. 은행나무에 열매가 많이 달리면 그 무게 때문에 가지가 아래로 쳐진다. 그러므로 멀리서 보아도 암그루임을 알아볼 수 있을 정도이다.

대규모 은행나무 농장은 3가지 목적이 있을 것이다. 첫째는 생약 원료인 잎 생산이고, 둘째는 열매 생산이며, 셋째는 목재 생산이다. 잎 생산이 목적이라면, 나무의 키가 자랄수록 잎을 따는 작업이 불편해진다.

전주 향교 뜰에서 원추형으로 곧게 자란 수령 약 50년의 은행나무이다. 재목으로 사용하려면 수직으로 곧게 자란 것이 좋다.

그래서 어떤 곳에서는 나무를 과일나무처럼 낮게 키우기도 한다. 그러나 나무의 키를 낮게 하려면 노동력이 많이 들어 비경제적이다.

미국 사우스캐롤라이나 주의 대규모 잎 생산 농장에서는 어린 줄기와 가지들을 기계적으로 모조리 지면 부분에서 절단하여 잎을 채취하고 있다. 앞으로 잎을 대량생산하기 위해서는 더 생산성이 좋은 품종 선발을 해야 하고, 효과적인 재배방법이 연구되어야 할 것이다.

은행나무 잎에 혈액순환제가 포함되어 있다는 사실이 알려지기 전에는 식용 또는 약용할 씨를 얻기 위해 은행나무를 주로 재배했다. 씨 생산이 목적이라면 물론 암나무를 주로 재배한다. 그런데 결실량이 많으면 생장이 그만큼 느려진다.

목재 생산이 목적이라면 곧게 자란 긴 목재가 필요한지, 아니면 직경이 굵은 목재가 필요한지에 따라 재배 방법이 달라야 할 것이다. 일반적으로 은행나무는 적당히 밀식했을 때 줄기가 똑바르게 더 빨리 자라지만, 줄기의 직경 생장은 더디다. 반면에 식재 간격이 넓으면 직경이 빨리 굵어진다.

🌿 은행나무만의 특수한 경근체(유주乳柱) 조직

서울 성균관대학교 구내에 있는 '명륜당'(明倫堂)에는 수령 500년을 헤아리는 은행나무 4그루가 자라고 있다. 이곳의 대성전은 공자와 그 제자 및 우리나라 유교(儒敎) 발전에 크게 공헌한 분들에게 제사를 지내는 곳이며, 조선시대에는 최고의 교육기관이었다. 이곳에 자라는 은행나무 중 천연기념물 59호로 지정된 '서울 문묘 은행나무'는 키가 21m이고 사람 가슴 높이의 줄기 둘레가 7m에 이른다. 이 은행나무의 가지 하나에는 마치 석회동굴의 돌고드름처럼 생긴 조직이 길이 70cm가 넘게 아래로 자라 있다.

일반적으로 수백 년 장수한 은행나무에서는 지면과 가까운 큰 가

성균관대학교 명륜당에 자라는 은행나무의 경근체 (유주)이다. 이 경근체가 자란 은행나무는 천연기념물로 보호되고 있다.

원줄기가 상한 유칼립터스 나무의 리그노튜버로부터 여러 개의 가지가 나왔다.

지에 석회동굴의 석순처럼 생긴, 또는 빙폭(氷瀑)의 고드름 같은 것이 땅을 향해 거꾸로 자라는 것을 볼 수 있다. 일반적으로 '유주'(乳柱)라 불리는 이것은 암나무와 수나무를 가리지 않고 생긴다. 놀라운 것은 이 유주(학술명은 경근체莖根體)가 마치 뿌리의 성질처럼 아래 쪽(중력 방향)으로 계속 자라 땅에 닿으면, 그 끝에서 땅속으로 뿌리를 내리게 된다는 것이다.

* 리그노튜버란?

수목의 뿌리 모습은 지상의 줄기와 매우 다르다. 어떤 식물은 지상부의 줄기가 크게 부상을 입거나 잘라져 나갔을 때, 덩어리처럼 된 뿌리(root crown)

에서 새 줄기가 자라나온다. 이것은 덩어리를 이룬 뿌리 조직에 새로 싹을 낼 수 있는 맹아(萌芽, 학술명은 부정아不定芽)가 여럿 있기 때문이다. 식물학에서는 이런 뿌리 덩이를 리그노튜버(lignotuber)라 한다. 리그노튜버를 가진 대표적인 식물로는 단풍나무류, 유칼립터스(*Eucalyptus marginata*), 아르부투스(*Arbutus unedo*), 떡갈나무 종류(*Quercus suber*), 세코이어 종류(*Sequoia sempervirens*), 뱅크샤(*Banksia*) 종류, 그리고 은행나무가 있다.

리그노튜버에는 다수의 맹아가 있으므로 여러 맹아들로부터 한꺼번에 싹이 자라나면 마치 작은 숲처럼 보인다. 은행나무 역시 원줄기가 상하면 리그노튜버에서 발생된 새로운 싹들이 수없이 올라와 작은 은행나무 숲을 이룬다.(은행나무는 뿌리만 아니라 줄기에서도 수피를 뚫고 맹아가 무수히 나오는 성질이 있다.) 이런 리그노튜버는 여름에 덥고 건조하며, 화재가 잘 발생하는 지중해성 기후 지역의 수목들에서 더 흔히 볼 수 있다.

경기도 양주시 부곡리 은행나무 아랫부분 가지로부터 수많은 유주(경근체)가 자라 내려오고 있다. 자람이 매우 느린 이들의 생장 속도에 대한 연구 보고는 찾지 못했다.

*** 은행나무의 두 가지 리그튜버**

은행나무의 리그노튜버는 2가지로 구별해 볼 수 있다. 첫 번째는 노거수에서 볼 수 있는 유주(경근체) 형태이다. 은행나무의 경근체를 학술적으로 처음 보고한 학

157

자는 1895년 일본의 후지(Fujii K)였다. 당시 그는 지면을 향해 마치 뿌리처럼 거꾸로 자라는 경근체에 대해, 어떤 병적 원인으로 생겼을 것이라고 추측을 했다. 그는 경근체가 2m 이상 자라 땅에 도달하면 뿌리도 되고 줄기도 되는 능력이 있다고 기록했다.

경근체는 은행나무에서 볼 수 있는 리그노튜버이지만, 다른 나무들의 그것과는 여러 면에서 다르다. 은행나무 경근체는 뿌리 기능도 있고, 그 줄기에서는 새 맹아가 자라나와 가지를 만들기도 하므로, '뿌리와 줄기의 성질을 모두 가진 조직으로 볼 수 있다. 이런 경근체는 자연상태라면 수백 년 된 은행나무에서만 볼 수 있다(그러나 드물게 훨씬 젊은 나무에서도 발견되고 있다). 그리고 이런 경근체는 발생과 생장에 장기간이 걸리므로 현실적으로 연구하기 어려운 대상이다.

앞에서 이야기한 미국 사우스캐롤라이나의 '섬터(Sumter) 은행나무 농장'은 잎 생산을 목적으로 약 1,000만 그루의 은행나무를 재배하는 농장으로 유명하다. 이 농장에서는 파종 후 4~5년 된 어린 나무를 7월 경에 지면(地面) 높이에서 기계적으로 절단하여, 자동장비로 잎을 따낸다. 어린 가지를 매년 이런 식으로 자르고 나면, 그 뿌리에서는 무수히 많은 가지들이 다시 올라온다.

하버드 대학 '아놀드 수목원'의 트레디치(Peter Del Tredici)는 리그노튜버에 대해 많은 연구를 하는 학자이다. 그는 이 농장의 은행나무 줄기(뿌리 가까운 부분)에서 1cm 이상 되는 리그노튜버가 다수 생겨나, 마치 공기뿌리처럼 땅을 향해 자라는 것에 대해 보고하고 있다. 그는 어린 은행나무에서 이런 것이 생기는 이유는 줄기가 절단되는 스트레스를 받기 때문이라고 추측한다. 뿌리 짬에서 생기는 이런 것은 기저경근체(基底莖根體 basal lignotuber)라 부를 수 있다.

트레디치는 1992년, 은행나무 자생지로 추정되어온 중국 티안무산 지역에 자라는 167그루의 노거수를 조사한 결과, 나무들 중 67그루(약 40%)에 직경 10cm를 넘는 경근체가 2개 이상 있었고, 그 중 49그루는 원줄기에서 직접 나온 경근체를 달고 있었다고 보고했다.

  은행나무는 원줄기나 지면과 가까운 굵은 가지로부터 맹아가 움터 나와 땅으로 길게 자란다. 경근체, 유주, 나무고드름, 치치, 리그노튜버 등으로 불리는 이 기관은 땅에 도달하면 뿌리를 내려 새롭게 직립하는 큰 줄기가 된다. 경기도 양주시 장흥면 부곡리에 자라는 은행나무의 경근체 수는 약 40개를 헤아리며 그중 가장 긴 것은 1.5m 정도이다.

* 은행나무 경근체의 발생 원인

  고령의 은행나무 줄기에서 생겨나는 경근체는 은행나무만이 진화시킨 특수 기관이다. 경근체를 학술용어로 치치(chi-chi)라 부르기도 하는데, 치치는 '엄마의 젖'을 의미하는 일본어이다. 일본의 학자들이 치치라는 표현으로 처음 국제 논문을 발표한 결과이다. 그래서인지 한국과 일본의 전설 속에는 젖이 잘 나오지 않는 산모가 경근체를 먹으면 젖 분비가 좋아진다는 말이 있다.

  굵은 가지로부터 공기뿌리처럼 아래로 자라는 줄기 모습을 한 경근체가 지면까지 자라면 수피에서 여기저기 새롭게 맹아들이 나오고, 세월이 흐르면 싱싱한 새로운 줄기가 되며, 그 줄기에 가지가

159

나고 잎이 달린다. 그러므로 경근체가 여러 개 잘 발달된 은행나무는 마치 다수의 줄기를 가진 다간수(多幹樹)처럼 된다.

중국에서는 경근체를 '종루'(鐘乳zhong ru)라 부른다. 경근체가 달린 나무를 보면 몇 가지 특징을 발견할 수 있다.

첫째, 큰 원줄기의 지면 가까운 부분에서 발생한다.

둘째, 옆으로 뻗은 큰 가지에서 나온다.

셋째, 나무의 원줄기가 부러졌거나 줄기 속이 부패하여 큰 동공이 있을 정도로 생존에 스트레스를 받고 있다.

넷째, 뿌리 주변이 영양을 흡수하기에 매우 불리하다.

경기도 양주시 부곡리 은행나무에 달린 가장 긴 경근체. 옆에 30cm 길이의 대나무자가 붙어 있다. 이 나무에는 비슷한 길이의 경근체가 2개 더 달렸다.

경근체를 가진 우리나라 대표적인 은행나무

필자들이 조사한 우리나라 은행나무 가운데 경근체가 가장 잘 발달된 것은 경기도 양주시 장흥면 부곡리 골짜기에 자라고 있다. 이 골짜기는 과거에 선조들이 가마를 지어 도자기와 옹기를 생산하던 곳이다. 현재 농가 곁에 자라고 있는 수령 500~600년 정도의 은행나무(수나무)에는 경근체가 40여개

달려 있다. 그들 중에 작은 것은 주먹 크기이고 긴 것은 1.2~1.5m 인데, 이 정도 길이로 자란 것이 3개 달려 있다. 이 은행나무의 경근체는 우리나라에서 발견된 최다 최장 기록을 가지고 있다.

우리나라에는 은행나무 노거수가 많으므로 경근체도 흔히 볼 수 있었을 것이 틀림없다. 그러나 큰 나무의 경근체는 남아 있는 것이 많지 않다. 그나마 경근체가 달린 것은 길이가 30~40cm를 넘지 않는다. 다행하게도 마을 사람들이 잘 보호해온 양주시 부곡리의 은행나무는 수고가 16m 정도이고, 줄기 둘레는 대략 6m, 흉고 직경은 1.7m, 수관의 폭은 약 20m이다. 2010년의 강한 태풍에 가지들이 많이 상하기는 했으나 건강해 보이고, 수형도 비교적 안정된 모습을 갖추고 있다.

이 나무 가까운 곳에서 장기간 살아온 주민의 말에 의하면, 6·25 전쟁 때 화재로 인해 썩어있던 나무속이 불타게 되었고, 그때 사람이 들어갈 정도의 큰 동공이 생겼다고 했다. 이 나무를 함께 살펴본 (주)한솔나무병원의 원장은 "나무속이 불에 타 숯처럼 된 부분은 더 이상 부패가 진행되는 것을 막아주기 때문에 이 나무의 경우 오히려 장수에 도움이 되었을 것이다."고 말했다.

그 동안 전국의 수많은 보호수들을 관찰하고 수술해온 그는 이 은행나무의 수령을 350년 정도로 추산했다. 그러나 이곳 주민은 수령이 600년 정도인 것으로 알고 있었다. 그는 이 나무의 큰 가지들이 부러져 나간 곳을 지적하면서, 보호대책을 빨리 세우지 않으면 다른 큰 가지마저 부러지게 생겼다고 염려했다. 나무 아래에는 널따랗게 시멘트가 깔려 있고, 한쪽으로는 지면이 경사져 침식되면서 큰 뿌리 부분이 많이 드러나 있다. 이런 사정을 볼 때, 이 노거수는 생존에 상당한 환경적 스트레스를 받고 있다고 판단된다.

이 은행나무는 서둘러 보호수로 지정하여 우리의 자연 유산으로 보존해야 할 것이다. 필자의 신고로 이 은행나무의 중요성을 알게 된 양주시에서는 보호수로 지정하려고 했다. 그러나 이 나무가 자라는 밭의 주인이 허락하지 않아 보호수로 지정받지 못하고 있다.

원주시 문막 반계리 은행나무에는 작은 경근체가 15개 정도 있다. 그 중에 크고 잘 자란 경근체 2개(직경 13, 15cm 정도)는 누군가 잘라가 버려 황갈색의 상처조직만 뚜렷이 남아 있다.

태백시 늑구리 은행나무의 아들나무에서 7~8개의 경근체가 자라기 시작하고 있다.

일반적으로 경근체는 수나무에만 생기는 것으로 알고 있다. 그러나 경근체는 암수를 가리지 않는다. 우리나라 은행나무 가운데 경근체가 땅까지 자란 것은 발견되지 않았다. 그러나 일본 미야기현의 센다이시에 있는 '니가타켕 은행나무'(암나무)에서는 다수의 경근체가 길게 자라 있으며, 그중에는 지면에 뿌리를 내린 것도 있다. 니카다켕 은행나무는 수령이 약 1,000년이고, 나무 높이는 35m에 이른다. 이 나무에 달린 경근체 중에 큰 것은 직경이 1.6m나 된다.

수령이 오래된 은행나무가 우리나라에 더 많으면서도 경근체가 발달된 나무가 남아 있지 않은 것은 임진왜란, 병자호란 등의 국란이라든가, 6·25전쟁으로 노거수들이 많이 소실되었을 것이며, 그 동안 산불, 벼락, 폭풍 등으로 크고 작은 가지들이 부러져 제대로 성장하지 못했기도 했고,

줄기 속이 썩어 커다란 동공이 생긴 나무를 사람들이 보살피지 못
했기 때문으로 생각된다.

실재로 우리나라에 살아있는 대부분의 은행나무 보호수는 원줄기
속이 비어 있으며, 동공을 시멘트나 합성수지로 채워 버티도록 하고
있다. 또 아래로 드리워진 큰 가지들은 쇠기둥으로 받쳐주고 있으
며, 사방 갈라진 가지들은 서로 당기도록 강철 와이어를 연결하여
지탱하고 있다. 벼락 위험이 있는 나무에는 피뢰침을 세워놓기도 했
다. 만일 이런 보살핌이 부족하다면 강풍에 큰 가지들이 계속 부러질
것이다. 이런 관점에서 보면, 만일 지금이라도 은행나무를 인위적으로
보호하지 않고 자연 그대로 둔다면, 벼락이라든가 강풍, 산불 피해를
입지 않고 300년 이상 사는 은행나무는 찾기 어려울 것으로 보인다.

충남 서산의 서산향교 명륜당 뜰에는 수령
600여년의 은행나무 2그루가 자라고 있다. 그
중의 하나에는 사진과 같은 경근체가 자라고 있
다. 긴 것은 길이가 약 60～70cm로 보인다. 아
래 사진은 같은 나무의 반대쪽 가지에 자란 작은
경근체이다.

전주시의 성심여중 교문 왼쪽에 자라는 은행나무 가지에서 4개의 경근체가 비슷한 크기로 자라나오기 시작했다. 근처에 2,3개의 경근체가 더 있다.

🍃 경근체는 젊은 나무에도 발생

전주시 풍남동의 성심여중 교문 왼쪽에 수령 40~50년 된 은행나무가 자라고 있다. 이 나무는 젊지만 아래 가지에 4~5개의 경근체가 자라고 있다. 경근체가 생겨난 가지는 비스듬하게 뻗어 있어 그 가지는 중력(가지와 잎의 무게)의 작용을 많이 받는다고 생각된다. 이런 나무를 보면 경근체가 생기는 원인의 하나로 과중한 중력 스트레스를 생각할 수 있다.

일반적으로 곧게 자라는 가지에는 경근체가 생겨나지 않고, 지면과 가장 가까운 아래쪽 가지이면서 가지가 수평으로 뻗은 것의 아래 부분에 다수 생겨나고 있다.

은행나무가 다른 나무와 달리 경근체라는 기관을 특별히 진화시킨 데는 분명히 중요한 생존의 이유가 있을 것이다. 경근체는 은행나무가 살아있는 화석식물이 되는데 한몫을 했을 것이라고 믿는다. 수백 년 장수하여 수세(樹勢)가 막대해진 나무의 경우, 옆으로 뻗어나간 아래의 큰 가지는 무성한 잎을 달고 있으므로 강풍이나 폭설이 내렸을 때 부러지기 쉽다. 그러나 이런 큰 가지로부터 경근체들이 뻗어내려 싱싱하고 단단한 아들나무들로 된다면, 그 아들나무들은 제각각 버팀목 역할을 하여 외력(外力)에 대해 잘 저항할 수 있었을 것이라고 생각된다.

조우(Zhou)의 보고에 의하면, 중국 티안무산에는 냇가를 따라 1,500여 년 전에 살던 사람들이 심은 것으로 판단되는 고령의 은행나무가 모두 244그루 자란다. 이들이 자라던 냇가는 긴 세월 동안 침식에 의해 비탈진 바위와 돌투성이 땅으로 변하고 말았다. 이곳 나무 중에 20그루 이상은 수령이 1,000년을 넘으며, 이들은 경근체를 땅으로 내려 버팀목이 됨으로써 경사면에서 모수(母樹)를 보호하는 역할을 하고 있다. 이러한 사실들을 종합할 때, 경근체는 은행나무로 하여금 생존의 위기에서 벗어날 수 있게 한 하나의 중요한 방법이 되었다고 믿게 한다.

　일본 아오모리현의 후카우라 마을에는 수령 약 1,000년, 둘레 22m, 수고 31m인 은행나무(Kitakanegasawa's Ichou)가 보존되어 있다. 이 나무는 다른 노거수들과 마찬가지로 모목(母木)은 별로 남지 않고 자목과 손자목, 그리고 근년에 뿌리 근처에서 돋아난 새 줄기들이 어우러져 은행나무 덤불을 이루고 있다. 이 나무의 줄기 중에 높고 건강하게 자란 것은 모두 자목 또는 손자목들이다. 이 은행나무에는 수십 개의 경근체가 자라고 있다. 지상 1.5미터 정도의 가지에서 나온 경근체 몇 개는 이미 지면에 뿌리를 내려 지주(支柱)와 자목 역할을 함께 하고 있다. 이 나무의 가지들은 자락이 땅에 닿아 있어 '은행나무 숲'을 연상케 한다.

제 6 장

은행나무의 꽃과 열매의 신비

🌿 은행나무의 수정(授精)

동식물의 신비를 보여주는 텔레비전 프로그램의 시청자들은 누구나 동식물의 생태 장면을 촬영하고 연구한 사람들의 노고에 찬사를 보낸다. 미시(微示)의 세계를 탐구하는 학자들은 고배율의 현미경과 전자현미경을 사용하여 머리카락 굵기의 수십 수백분의 1에 불과한 난세포와 정자의 활동을 추적하고, 수정된 세포가 분화하는 과정을 조사한다. 살아있는 생명체의 보이지 않는 미시세계에서 진행되는 장면을 동영상으로 촬영한다는 것은 참으로 놀라운 일이다.

은행나무 잎에서 중요한 의약 성분을 찾아낸 이후 그의 중요성이 더욱 부각되자, 일부 식물학자들은 은행나무의 정자와 난세포가 수정하여 유배(幼胚)를 형성해가는 과정을 추적했다. 그들을 관찰하기 위해서는 조직을 수백분의 1mm 두께로 잘라 하나씩 조사해야 했다. 그들은 생체 그대로 관찰하기가 너무 어렵자, 시험관 속에서 정자와 난세포를 배양하면서 조사하기도 했다. 식물의 세포를 살아있도록 배양하는 기술 또한 쉬운 일이 아니다. 그러나 이러한 노력 끝

은행나무의 짧은 가지(마디처럼 보임)에서 몇 개의 잎과 수꽃이 나오기 시작한다.

끈의 매듭처럼 생긴 짧은 가지에서 여러 장의 잎과 암꽃이 피어난다.

에 은행나무의 발생과정은 다른 식물에 비해 많이 밝혀질 수 있었다.

은행나무는 봄에 잎이 나올 때 암꽃과 수꽃도 함께 피어난다. 이때 수꽃이 암꽃보다 며칠 앞서 핀다. 식물학자들은 은행나무의 정자가 발견되던 당시에 이미 암꽃과 수꽃의 조직이 어떤 과정을 거쳐 성숙하게 되는지 연구하고 있었다. 암꽃과 수꽃의 발생과정에 대한 해부학적인 설명은 복잡하여 생략한다. 대신 새눈과 암꽃, 수꽃 사진을 참고하기 바란다.(*은행나무의 꽃은 완전히 진화된 것은 아니다.)

🍃 은행나무 정자의 발견

은행나무 암꽃(난세포)은 정자에 의해 수정이 이루어진다. 이런 정자에 의한 수정 방법은 소철, 고사리, 이끼, 조류(藻類)에서 볼 수 있다. 은행나무 정자의 크기는 250~300μm인데, 소철의 정자와 모양이 비슷하다.

은행나무의 정자는 1896년에 일본의 식물학자 사쿠고로 히라세 (Sakugoro Hirase, 1856~1925)가 처음 발견했다. 정자 발견 100주년을 맞은 1996년 9월, 일본 도쿄대학에서는 이 날을 기념하여 은행나무와 관련된 대규모 국제학술회의를 개최했다.

정자를 발견하던 1890년대 당시, 피자식물(속씨식물)의 수정(受精) 과정은 알려져 있었으나, 겉씨식물(나자식물)의 수정에 대해서는 거의 알려지지 않고 있었다. 즉 속씨식물의 수정 과정은, 꽃가루가 밀액(蜜液)으로 덮인 암술머리에 묻으면, 꽃가루에서 꽃가루관이 길

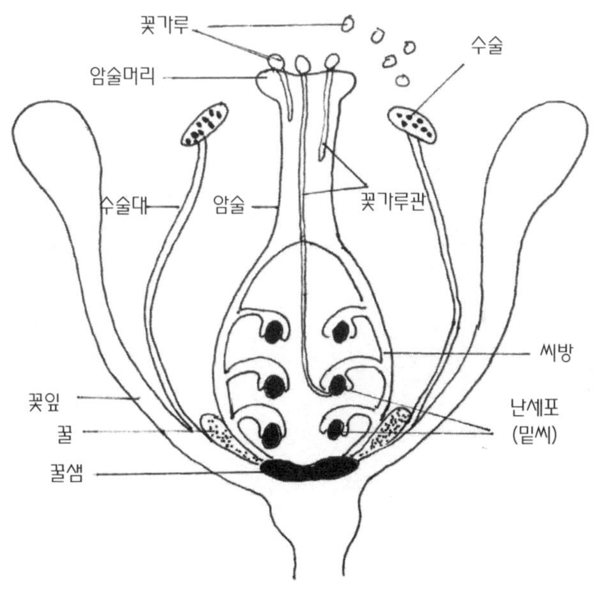

일반적인 피자식물의 꽃 구조를 나타낸다. 암술머리에 떨어진 꽃가루는 화분관을 내어 씨방(자방) 속의 밑씨에 이르고, 이곳에서 꽃가루관을 따라 내려온 정세포(精細胞)와 밑씨 속의 난세포(卵細胞)가 수정하여 씨로 성장하게 된다. 하나의 씨방 속에 형성되는 종자의 수는 수정된 난세포의 수 만큼이다. 수정이 이루어지면 씨방 전체가 커지면서 씨도 여물어간다. 그러나 난세포의 수정이 전혀 이루어지지 않는다면 씨방은 시들어 떨어지고 만다.

게 자라나와 씨방 속으로 뻗어가 밑씨에 도달한다. 그러면 꽃가루관에서 나온 핵이 밑씨의 난세포와 수정하여 씨를 만들게 된다.

히라세는 1888년부터 도쿄대학 식물학과에서 식물도감(植物圖鑑)의 그림을 그리는 세밀화 화가로 근무하다가 1893년에 연구조수가 되었다. 이후 그는 은행나무의 배주(밑씨)를 현미경으로 관찰하던 중에 정자를 발견하게 되었다. 그는 밑씨 속으로 들어온 화분관(꽃가루관) 속에서 방사상의 정자를 발견했으며, 더하여 1개의 밑씨 안에 2개의 난세포가 있는 것도 알게 되었다.

그는 수정이 이루어지는 9월 중순, 꽃가루관을 집중적으로 추적한 결과 타원형으로 생긴 정자를 발견했다. 그 정자는 가느다란 그리고 무수한 섬모(cilia)를 가지고 있었다. 1896년 4월 25일, 그는 도쿄 식물학회에서 이 사실을 발표하면서, 그 정자를 '웅성배우자'(spermatozoid)라 불렀다.

히라세는 정자를 발견했지만, 아직 움직이고 있는 정자를 보지 못했으므로, 수없이 많은 밑씨를 해부하며 관찰을 계속했다. 같은 해 9월 9일, 드디어 그는 헤엄치는 정자를 관찰할 수 있었다. 그해 9월 26일에 개최된 식물학회에서 이 사실을 발표하고, 도쿄대학 식물학 논문집에 매우 정밀한 그림과 함께 투고했다. 이때 그는 도쿄 지역의 은행나무는 4월과 5월 초 사이에 수분(受粉)이 이루어지고, 수정은 9월 말에서 10월 중순 사이에 실현되는 것을 확인했다.

식물의 정자는 포유동물의 정자와 형상이 크게 다르다. 동물의 정자는 꼬리(편모 鞭毛)를 뒤

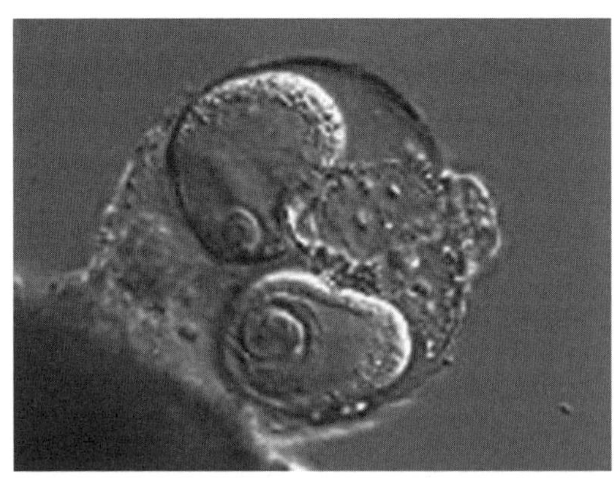

히라세가 발견한 은행나무 정자의 모양이다. 섬모는 너무 가늘어 보이지 않으며, 정자 윗부분은 흰색의 원형질로 덮여 있다.

에서 움직여 앞으로 나아간다. 그러나 은행나무의 정자는 수천 개의 섬모(纖毛)를 움직여 동체를 앞으로 끌어간다.

은행나무의 수정은 일반적인 식물의 수정 과정과 다르다. 고등식물은 꽃이 피어 있는 동안에 수분(受粉)과 수정(受精)이 이루어지지만, 은행나무는 개화 때 먼저 수분이 되고, 수정은 열매가 떨어지기 전인 가을에 이루어진다. 그러니까 은행나무 암꽃(열매)에 붙어 있던 꽃가루 속의 정자는 가을까지 기다렸다가 열매 속의 난자와 수정하는 것이다.

히라세는 세계적인 발견을 하고도 대학에서 연구직을 얻지 못하자, 1년 후 교토(京都)로 이주하여 중학교 교사로 근무했다. 그는 식물학을 전공하지 않았지만, 끈질긴 노력 끝에 식물학 역사에 놀라운 업적을 남긴 것이다. 그가 실험에 이용한 은행나무 암그루는 지금도 도쿄대학 식물원에서 자라고 있다.

히라세가 은행나무의 정자를 조사하던 같은 시기에, 같은 대학의 신설 농과대학 조교수이던 세이이치로 이케노(Seiichiro Ikeno 1866 ~1943)는 소철의 정자를 조사하고 있었다. 히라세가 은행나무 정자를 발견하자 같은 해에 이케노도 소철의 정자를 발견하는데 성공했다. 이 소식이 서양 식물학계로 알려지자, 유럽의 과학저널은 그들의 논문을 1897년에 크게 소개했다.

히라세와 이케노는 식물학 역사에서 나자식물의 정자를 처음 발견한 유명한 과학자로 기록되었으며, 이후 두 사람의 연구 논문은 유럽의 학회지 여러 곳에 게재되었다. 일본 아카데미는 히라세와 이케노 두 사람에게 1912년 황실상(Imperial Prize)을 수여했다. 두 학자의 대 발견은 일본 식물학자들의 연구심을 자극하여 20세기 식물학 발전에 일본 학자들이 크게 공헌하는 계기가 되었다.

당시 유럽의 식물학자들도 은행나무의 정자를 찾아내려고 노력하던 중이었다. 히라세의 발견이 알려지자, 유럽의 여러 식물학자들은 은행나무 정자의 존재를 재확인하게 되었다. 히라세의 정자 발견에 의해 은행나무가 고사리류와 침엽수의 중간 식물이라는 것이 증명되

1912년 56세 때 촬영된 사쿠고로 히라세의 사진이다. 그는 대학교육을 정식으로 받지 않았으나 아마추어 과학자로서 연구 조수가 되어 은행나무 정자를 발견하는 공헌을 남겼다. 그는 1925년에 69세로 타계했다.

었다. 그에 따라 식물학자 엥글러(M. Engler)는 1897년에 은행나무를 소나무과에서 분리하여 은행나무과(Family Ginkgoacea)로 새로 분류하고, 다음 해에는 은행목(Order Ginkgoales)을 설정했다.

은행나무의 정자를 관찰하는 일은 관찰 적기를 찾는 것이 정말 어렵다. 정자의 발견자인 히라세에게 오늘날의 실험 장비가 있었더라면, 그는 더 많은 업적을 남겼을지 모른다. 오늘날에는 현미경 하에서 전개되는 장면을 촬영하도록 만든 '현미경 고속비디오 카메라' (microscopic high speed video)를 이용하여 조사하고 있다. 은행나무의 정자를 관찰하려면 수정이 이루어지기 직전에 배주(밑씨)를 채취하여 조사해야 한다. 그럴 수 있는 시기는 8~9월이며, 막상 정자를 관찰할 수 있는 기회는 2~3시간에 불과하다. 정자가 난세포 속으로 들어가고 나면 관찰할 수 없기 때문이다.

은행나무의 암꽃과 수꽃 그리고 수정하여 씨를 맺기까지의 과정을 다음과 같은 5단계로 나누어 본다.

1) 수꽃과 꽃가루

은행나무는 고사리류로부터 종자식물로 진화한 중간 식물이므로, 식물의 생식과정 진화를 연구하는 데 매우 중요한 대상이다. 그러므로 은행나무의 정자가 발견된 이후 많은 과학자들이 은행나무의 생식기관과 수정 과정을 연구하기 시작했다. 전자현미경과 관찰기술이 발전함에 따라 과학자들은 수정과정을 세밀하게 추적 관찰하여 많은 사실을 알게 되었다.

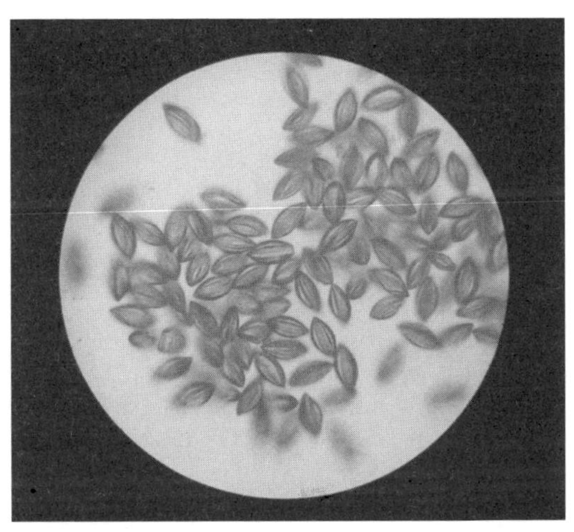

현미경으로 본 은행나무 꽃가루의 모습이다. 소나무 꽃가루(송화 가루)가 떨어지는 계절이 되면 송림 근처 호수의 수면이 노랗게 변할 정도로 많은 양이 날린다. 은행나무 수꽃의 꽃가루가 날릴 때도 그렇게 많은 수가 비산하는데, 다만 옅은 황색이어서 잘 보이지 않을 뿐이다.

은행나무의 수꽃은 새 잎이 나오는 곳에서 잎과 함께 밀 이삭 비슷한 모습으로 3~6개 나온다. 각 수꽃에는 수십 개의 꽃가루주머니가 총총하게 붙어 있으며, 각 주머니 속에는 먼지보다 작은 수만 개의 꽃가루가 생겨난다. 5월 초순 꽃가루주머니가 터지면 꽃가루들은 바람을 타고 사방으로 흩어진다. 풍매화가 수정을 가장 확실히 하는 방법은 가능한 많은 수의 꽃가루를 날려 보내는 것이다.

은행나무 수꽃은 이른 봄철에 잎들이 돋아나는 매듭처럼 생긴 짧은 가지 즉 돌출 정단부(spur shoot)에서 함께 자라 나온다. 꽃가루주머니가 완숙하여 열리면 꽃가루는 바람에 날려 수백리라도 갈 수 있다. 은행나무 꽃가루를 광학현미경으로 보았을 때는 소철의 꽃가루와 비슷하다고 생각했다. 그러나 전자현미경을 사용하여 수만 배로 확대하여 관찰하게 되자, 두 식물의 꽃가루 모습에 큰 차이가 있음을 알게 되었다.

은행나무의 미숙한 꽃가루는 동그랗지만, 성숙하면 마치 길쭉한 럭비공 모습을 하고 있다. 더 자세히 보면 꽃가루 중간이 길게 갈라진 것처럼 보인다. 이 꽃가루는 너무 작아 긴 쪽 길이가 약 4마이크론, 폭은 약 2마이크론이다. 머리카락의 굵기가 20~180마이크론이고, 적혈구 크기는 8마이크론이다. 이 꽃가루를 길이로 250여개 붙여야 1mm가 되는 셈이다.

2) 은행나무 꽃이 피는 시기

은행나무에서 새싹이 움터 나오는 시기는 다른 식물에 비해 늦은 편이다. 우리나라의 경우 주변의 벚나무가 만개했다가 낙화가 시작되었을 때쯤에 겨우 눈이 나오기 시작한다. 이렇게 늦게 움트는 것은 봄의 꽃샘추위에 새눈이 피해를 입지 않도록 하는 방법이기도 하다.

은행나무 꽃가루는 미풍이 불더라도 되도록 멀리 운반되어야 수정을 할 수 있을 것이다. 그러므로 그들의 꽃가루는 크기가 매우 작기는 하지만, 무게를 최대한 줄이도록 완전 탈수(脫水)되어 있으며, 내부에는 화분이 발아할 때 필요한 영양분조차 준비하지 않는다. 그 대신 꽃가루는 튼튼한 보호막으로 덮여 있어 건조한 조건에도 잘 견디고, 수명이 길기도 하며, 화석이 되어 수억 년이 지나도 그 모습을 유지하고 있다.

일반인들 눈에 잘 띄지 않지만, 꽃가루 주머니가 터져 그 속의 꽃

은행나무의 수꽃과 꽃가루 주머니. 수꽃은 길이가 1.2~2.2cm이며, 잎과 함께 같은 곳에서 1~6개가 보리 이삭처럼 나온다. 각 이삭에는 수십 개의 꽃가루주머니가 매달려 있으며, 각 주머니 속에 수만 개의 꽃가루가 들어 있다.

가루를 전부 날려 보내고 나면 수꽃들은 한꺼번에 떨어진다. 5월 초중순경이 되면 수나무 아래에 꽃가루 이삭이 마른 모습으로 수북이 떨어져 쌓인다. 은행나무 가로수 거리를 청소하는 사람들에게는 잠시 귀찮은 청소꺼리가 되기도 한다.

화분화석학(花粉化石學)은 고대의 화석이나 퇴적암, 호박(琥珀) 등에서 발견되는 꽃가루를 비롯한 미세한 동식물의 화석을 연구하는 분야이다. 꽃가루는 식물의 종마다 그 크기와 모양이 다르기 때문에 꽃가루 형태만으로 식물의 종을 서로 분류하기도 한다. 화분화석학자들은 고대의 꽃가루 화석을 빙하 속에서도 찾아내어 과거의 식물상(植物相)이라든가 지각과 기후 변화 등의 연구에도 활용한다.

은행나무의 암꽃 대를 보면, 끝 부분에서 사진처럼 양쪽으로 갈라져 2개의 밑씨(동그란 모양)가 나와 있다. 그러나 나중에 열매가 달려 성숙하는 것은 그중 하나뿐이다. 이것은 은행나무가 영양분을 하나의 열매에 집중시켜 건강한 종자로 성숙시키는 방법이라고 짐작된다.

바람에 날려 암꽃에 떨어진 꽃가루는 암꽃 속에 있는 꽃가루방(pollen chamber)으로 들어가, 거기서 수정할 적기(수분 후 130~140일)를 기다린다. 꽃가루 속의 정자와 암꽃의 난세포 사이의 수정은 열매가 익어 땅에 떨어질 즈음에 이루어진다.

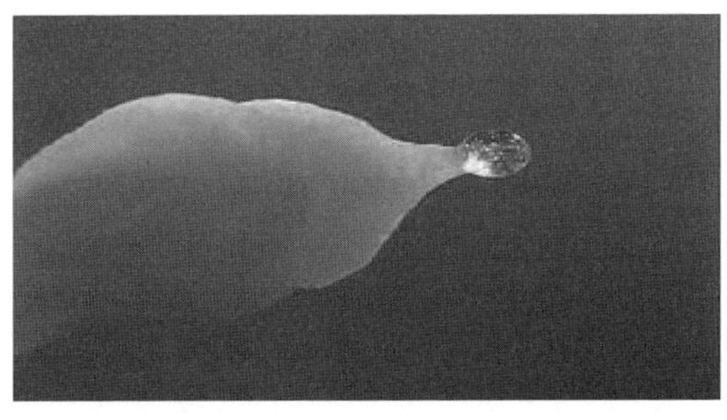

밑씨 끝에 분비된 밀액이 꽃가루를 기다린다. 꽃가루는 이 밀액 속의 영양분을 이용하여 꽃가루관을 뻗어낸다.

　은행나무의 암꽃은 지역에 따라 4월말에서 5월초에 잎자루 틈새에서 피어난다. 암꽃이라 하지만 나자식물이기 때문에 꽃잎 따위는 없다. 암꽃은 1개의 마디에서 1~13개가 피어나는데, 길이 2cm 정도의 화경(花莖)에는 직경 2mm 정도의 밑씨가 2개씩 달려 있으며, 그 중 1개만 씨로 익는 것이 보통이다.

3) 암꽃과 씨방(배주)

　수꽃이 피는 기간에 암그루에서는 어린잎들 사이에서 암꽃이 피어난다. 꽃이라고 하지만, 은행나무나 나자식물의 꽃은 아름다움과는 거리가 먼 학술상의 명칭일 뿐이다. 암꽃에는 자루가 달렸으며, 하나의 잎눈에서 1~13개의 암꽃이 함께 나온다. 바람에 실려 온 꽃가루는 이 암꽃의 끝을 적시고 있는 밀액에 붙어야 수정에 성공할 수 있다.

　암꽃의 자루에는 밑씨(배주 胚珠)가 2개씩 생겨난다(드물게 3개). 수정이 성공하면 이 밑씨가 자라 종자가 된다. 밑씨 끝에는 꽃가루가 들어갈 수 있는 미세한 구멍(수정공)이 열려 있으며, 구멍 바깥은 점액성 액체로 젖어 있다. 밑씨의 내부 중앙에 암꽃의 핵심인 난세포가 있다.

은행나무 암꽃의 밀액에는 은행나무의 화분만 아니라 같은 시기에 꽃피는 소나무나 다른 식물의 꽃가루도 떨어진다. 신비스럽게도 은행나무 밀액에서는 은행나무 꽃가루만 발아하고 다른 꽃가루는 발아하지 않는다. 은행나무가 자신만의 종족을 순수하게 보존해가는 자연의 신비가 작용하고 있는 것이다.

암꽃의 중심 조직은 씨를 만드는 밑씨이다. 밑씨 입구에는 꽃가루의 정자가 들어갈 구멍이 있으며, 그 속에 난(卵)세포가 있다. 정자가 난세포 속으로 들어가 수정이 이루어지면 그때부터 밑씨가 커져 열매가 되고, 그 속에 씨눈(유배)을 만들게 된다. 은행나무의 암꽃은 수정이 되지 않더라도 열매를 정상적으로 영글게 한다. 그러나 이 열매(씨)는 수정되지 않았기 때문에 씨눈이 없다. 씨눈이 없으면 파종하더라도 발아하지 못한다.

수정되기 직전, 암꽃의 밑씨 속에서는 세포 하나가 커지면서 분열하여 2개의 커다란 세포(목세포와 난세포)가 된다. 난세포는 전분으로 가득 차 있으며, 흥미롭게도 은행나무만 유일하게 그 속에 광합성작용을 하는 엽록체까지 들어 있다. 은행나무 암꽃의 난세포에 엽록체가 있는 이유는 식물 진화의 초기 과정을 밝힘으로써 찾아낼 수 있을 것이다.

4) 꽃가루에서 생겨나는 정자와 수정 과정

수꽃에서 날아온 꽃가루는 봄에 수분(受粉)되지만, 수정은 훨씬 뒤에 일어난다. 꽃가루가 암꽃에 묻으면, 꽃가루로부터 정자가 나와 난세포와 결합하기까지 복잡한 과정을 거친다. 먼지 같은 꽃가루가 바람에 실려 암그루의 밑씨 입구를 적시고 있는 점액(밀액)에 묻으면, 꽃가루는 점액 속의 영양분을 흡수하여 발아를 시작하고, 긴 꽃가루관(화분관)을 낸다. 꽃가루관은 점점 길어져 꽃가루방(花粉房)으로 들어가고, 거기서 많은 가지를 가진 복잡한 구조로 변한다. 그러

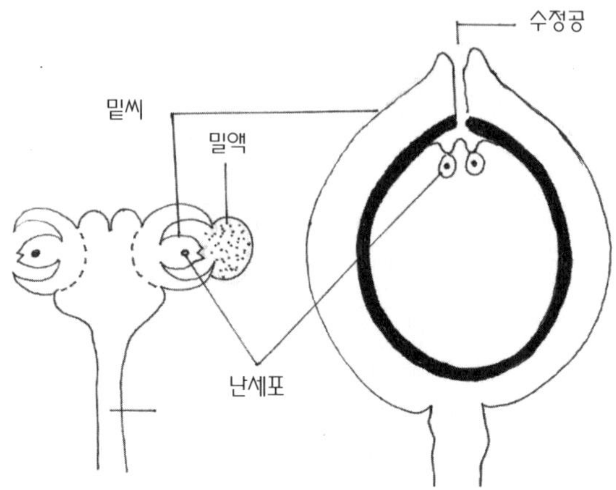

은행나무 암꽃의 내부 구조를 나타낸다. 왼쪽은 암꽃, 오른쪽은 암꽃의 밑씨를 확대한 모양이다. 밑씨가 자라 열매가 된다.

나 이때까지도 꽃가루관에서 정자가 바로 생겨나지 않는다.

수분(受粉)이 이루어지고 4~5개월이 지나 열매가 떨어질 때쯤, 그때서야 화분관 속의 정자세포는 분열을 하여 섬모(纖毛)를 가진 정자를 만들고, 이 정자가 난세포와 수정하게 된다. 정자 세포의 크기는 직경이 50~80µm이며, 정자 표면의 25~20%를 1,000여개의 섬모가 덮고 있다. 정자가 섬모를 움직여 난세포까지 가야 하는 거리는 20~30마이크론이다. 섬모의 운동 속도는 일정치 않은데, 빠를 때는 1초에 28회 동작했다는 보고가 있다. 이러한 회수 계산은 고속 현미경 비디오카메라의 영상을 분석함으로써 가능하다. 정자가 찾아가는 난세포의 크기는 평균 405×464µm이다.

정자는 편모를 꽁무니 쪽에서 흔드는 것이 아니라 마치 비행기 프로펠러처럼 앞에서 회전시켜 전진한다. 정자가 이런 편모운동을 하여 난세포가 있는 곳의 입구에 접근하면, 그 입구가 좁아 절대 들어가지 못한다. 이때 정자는 핵을 둘러싸고 있던 막을 벗어버리고 핵만 들어간다. 알몸이 된 핵(크기 27×20µm)은 구멍을 통과하여 난

은행나무 정자. 정자의 표면을 섬모가 나선형으로 덮고 있으며, 이 섬모를 회전시켜 난세포를 향해 앞으로 나아간다.

세포에 접근할 수 있다.

그런데 동력기관이 없어진 정자의 핵이 어떤 방법으로 난세포에 접근하는지 그 이유는 알지 못하고 있다. 이윽고 정자의 핵이 난세포의 막에 부딪히면 막에 구멍이 생기고 그곳으로 들어가 서로 결합한다.

이로서 정자가 가진 염색체 n과 난자의 염색체 n이 결합하여 2n의 밑씨로 발생을 시작한다.

은행나무의 경우 꽃가루가 암꽃의 밑씨에 부착한 후, 난세포와 수정하기까지는 3.5~5개월이 걸린다.

5) 씨눈(유배)의 형성

수정된 난세포는 이때부터 빠른 속도로 세포분열을 하여 여러 개의 핵으로 되는데, 1개의 수정란이 7차례 분열하면 128개의 핵으로 이루어진 '미숙(未熟) 밑씨'가 된다. 이 시기가 8월경이다. 미숙 밑씨의 핵은 직경이 20~25마이크론이며, 이때부터 핵과 핵 사이에 세포벽이 생겨나고, 차츰 배로 된다. 배의 생장점은 2매의 떡잎(자엽) 사이에 있다. 은행 씨의 약 2%는 3개의 떡잎을 가지고 있다.

배의 떡잎은 처음에는 보이지 않을 정도로 작지만, 그를 둘러싸고 있는 배젖(endosperm)으로부터 영양을 흡수하며 빠르게 자란다. 은행나무 씨의 먹는 부분은 바로 달콤하고 부드러운 배젖 부분이다.

은행 열매는 대부분 가을에 땅에 떨어지지만, 일부는 겨울 동안 가지에 달려 있다. 은행 열매는 물렁한 황갈색의 조직(외종피)으로 덮여 있고, 그 속에 희고 단단한 중종피(中種皮)로 싸인 씨가 있다. 이 씨는 가을에 심으면 발아하지 않는다. 왜냐하면 씨 속의 씨눈이 미성숙 상태인데다, 씨눈은 따뜻한 봄이 올 때까지 휴면 상태에 있기 때문이다. 이를 '종자의 휴면'이라 한다.

많은 식물의 씨들은 땅에 심는다고 해서 아무 때나, 아무 곳에서나 발아하지 않는다. 적당한 환경 조건이 갖추어지고, 화학적인 어떤 자극을 받기 전에는 휴면을 계속한다. 씨가 휴면한다는 것은 씨눈이 잠들어 있는 것이다. 지금도 과학자들은 무엇 때문에 씨눈이 휴면하는지, 또 무엇이 씨눈의 잠을 깨우도록 자극하는지 확실한 이유를 연구하고 있다. 농학에서는 종자의 휴면 문제가 매우 중요한 연구 과제이다. 곡물이라든가 채소 등의 종자는 휴면에서 쉽게 깨어나 빨리 발아해야 재배기간을 단축할 수 있다.

어떤 식물은 종피를 벗기면 발아한다. 이런 경우에는 종피(내부의 휴면 물질)가 휴면시키고 있었다고 할 수 있다. 그러나 어떤 종자는 종피를 벗겨도 발아하지 않는다. 이때는 씨눈 자체가 휴면하고 있는 것이다. 과학자들은 잠을 깨우는 각성(覺醒) 물질에는 '지베렐린'이라는 식물 호르몬이라든가, 애브사이식산(abscisic acid)이라는 화학물질이 있음을 안다. 또한 식물의 종자에는 휴면에서 깨어나게 하는 '생명시계'(biotime)가 있다는 학설도 있고, 휴면토록 하는 화학물질이 있다고도 하며, 휴면을 조절하는 유전자가 있다고도 한다. 이런 휴면 조건들은 서로 복잡하게 작용하고 있는 것으로 알려져 있다.

6) 씨가 되는 과정

은행 씨는 일반 과수의 씨와 구조가 아주 다르다. 일반인들은 은행나무에 열린 연한 갈색의 종실을 열매(과일)라고 생각하고, 그 속의 단단한 흰 껍질로 싸인 것을 씨라고 생각한다. 그러나 은행나무는 나자식물(겉씨식물)이므로, 열매 그 자체가 씨(종자)이다. 즉 물렁하고 냄새를 풍기는 과육처럼 보이는 것은 외종피(外種皮 sarcotesta,

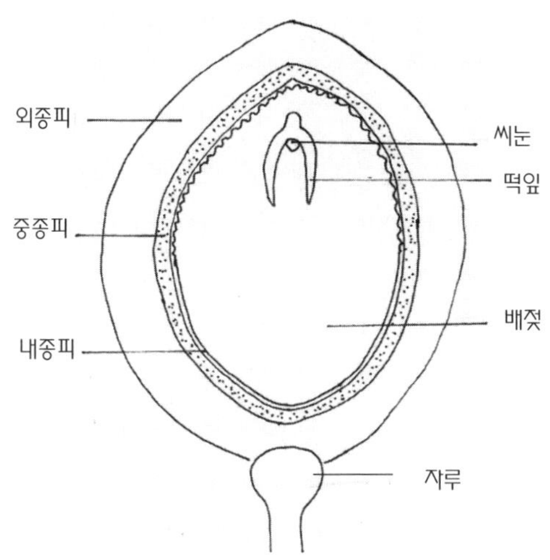

은행나무 열매의 구조. 일반적으로 흰색의 단단한 껍질로 싸인 것을 '은행 씨'라고 부르는데, 실제로는 단단한 중종피로 덮인 배젖(胚乳) 부분이다. 가을이 되면 은행 열매는 직경 2~2.5cm가 된다. 수정 안 된 씨는 씨눈이 없어 파종해도 발아하지 못한다.

episperm)이고, 그 속의 희고 단단한 껍질은 중종피(中種皮 sclerotesta), 그 바로 밑의 얇은 갈색 피막은 내종피(內種皮 endotesta, endopleura), 내종피 속의 연한 조직(먹는 부분)은 배젖(배유 胚乳 endosperm)인데 이 속에 배(胚)가 들어있다(그림 참조).

7) 은행나무 씨의 구조

은행나무의 씨는 다른 식물의 씨와 구조가 다르다. 예를 들어 복숭아나 포도의 씨는 과육(果肉) 속에 생긴다. 그러나 은행나무의 씨는 열매 그 자체가 씨이다. 과육처럼 생각되는 외종피(sarcotesta)는 초가을까지 녹색이다가 황갈색으로 익는다. 성숙한 외종피의 두께는 5~6mm이며, 물렁하고 고약한 냄새가 난다.

배젖 속에는 씨의 가장 중요한 부분인 씨눈이 자리 잡고 있다. 배젖 속의 씨눈은 가을에 열매가 떨어지는 시기(정자와 난세포가 수정

가을에 떨어지기 전의 은행나무 열매이다. 이 자체가 바로 은행나무의 씨이다.

은행나무 열매(왼쪽) 단단한 껍질 속의 배젖(중앙), 그리고 배젖 속의 씨눈(오른쪽)을 동시에 나타낸다. 배젖은 갈색의 엷은 막이 싸고 있는데, 씨눈이 자리한 쪽 절반은 짙은 갈색, 그 반대쪽은 은갈색이다.

직경이 2~2.5cm인 외종피는 무르고 엷은 황갈색이다. 이것은 작은 과일 같아 먹음직해 보이지만 부틸산이 포함되어 있기 때문에 악취가 난다. 이 열매(외종피)를 맨손으로 만지면 사람에 따라 심한 피부 알레르기가 생길 위험이 있다.

은행나무 열매의 물렁한 외종피를 벗겨내면 사진과 같은 흰색의 중종피로 싸인 행인이 드러난다. 중종피는 난상 타원형이며 2개(드물게 3개)의 능선이 있다. 흰 중종피를 열면 연한 녹색의 배젖(胚乳)이 보인다. 이 배젖을 굽거나 기름에 볶아 식용 또는 약용하고 있다.

한 이후)부터 성장을 시작한다. 그러므로 금방 떨어진 은행 씨 속에서는 씨눈이 너무 작아 보이지 않는다. 그러나 씨가 떨어지고 1~2개월 지나면 볼 수 있으며, 봄이 되면 배젖 속에 크게 자라 있다.

중종피를 벗겼을 때 그 아래에 갈색의 얇은 막(내종피)이 있다. 이 막은 중간 부분을 경계로 씨눈이 있는 쪽 절반은 갈색이고, 그 아래쪽 절반은 흰색이 감도는 엷은 갈색이다. 내종피의 색이 왜 이렇게 중간에서 구분되는지 그 이유는 밝혀지지 않았다.

은행나무의 물렁한 외종피에서는 심한 구린내가 난다. 이것은 부틸산(butyric acid)이 포함되어 있기 때문이다. 부틸산은 버터나 치즈 속에도 포함되어 있으며, 인체의 장 속에서 음식이 혐기성 발효를 할 때 발

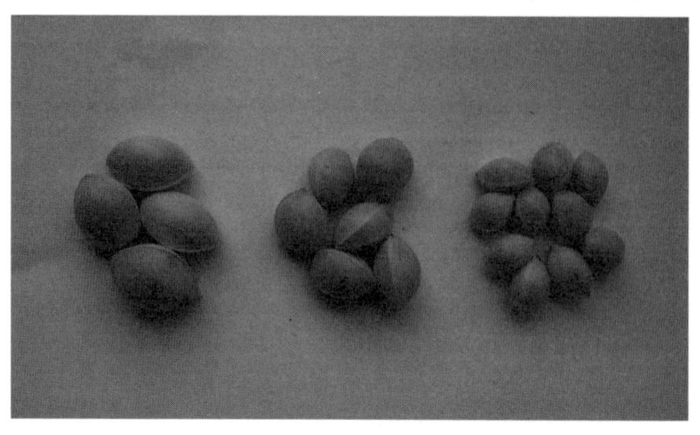

은행 중에는 크기가 매우 작은 것이 달리기도 한다. 같은 나무에서 큰 씨와 작은 씨가 동시에 열릴 수 있는 이유는 미수정 탓인지, 영양 부족 탓인지 불확실하다.

생한다. 땀을 많이 흘린 인체의 체취 속에는 부틸산이 미량 포함되어 있다.

동양에서는 이 행인(杏仁) 즉 은행을 예로부터 굽거나 볶거나 하여 식용하고 약용해 왔다. 행인을 식용하려면 물렁하고 냄새나는 외종피를 1차 벗겨내야 한다. 이를 물리적으로 제거하려면 많은 노력이 필요하다. 과거에는 일일이 손으로 벗기거나, 자루에 담아 흙속에 묻어 부패하기를 기다렸다. 외종피가 부패하고 나면 쉽게 알맹이가 드러난다.

오늘날에는 수확하자마자 기계적으로 외종피를 벗겨내고 있다. 기계장치로 제거하더라도 단단한 중종피가 하얗게 드러나고, 냄새가 빠질 정도로 씻으려면 많은 인력과 물이 필요하다.

은행나무 씨를 깨뜨려 보면 밑씨가 없는 것이 흔히 발견된다. 이런 씨는 수정이 되지 않은 것이다. 은행나무 열매는 수정되지 않더라도 배젖이 정상으로 자라 속이 꽉 찬 '미수정 열매'가 된다. 은행나무로서는 미수정 열매라도 많이 매달고 있어야 자손을 퍼뜨려줄 동물들이 잘 찾아올 것이다. 그러므로 은행나무 암나무는 근처에 수나무가 없어 꽃가루받이가 되지 않더라도 마치 미수정 계란처럼 열매를 달 수 있는 것이다. 미수정된 밑씨일지라도 열매로 완전하게 자란다는 것을 알면, "은행나무는 암수가 마주 보아야 열매가 연다."는 속담이 실제로는 정확하지 않음을 알 수 있다.

은행나무 씨 중에는 같은 나무에서 결실한 것이라도 그 씨가 매

우 작은 것이 있다(사진 참조). 이런 작은 씨를 깨뜨려보면 유배가
없는 것이 대부분이다. 그러나 개중에는 유배를 가진 작은 씨도 있
다. 이렇게 작은 씨가 왜 생겨나는지는 이유가 분명치 않다. 또 어
떤 은행나무는 생육조건이 좋더라도 해마다 매우 작은 씨만 열린다.
이런 나무는 작은 씨를 맺는 품종(변종)으로 보인다.

🍂 은행나무 씨의 휴면과 발아

은행나무의 씨는 외종피가 흙속에서 부패하여 제거된 상태에서
지열이 오르고 땅이 적당히 젖어 있을 때 휴면에서 깨어나 발아를

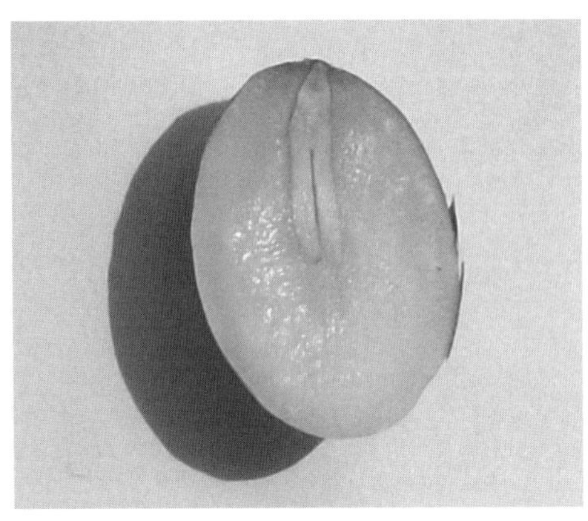

은행 씨 속의 씨눈(유배)은 수정 당시에는 난세포와 정자의 핵이 결합한 1개의 세포이지만, 겨울 동안 생장을 계속하여 4월경에는 사진과 같은 큼직한 씨눈으로 성숙한다.

시작한다. 씨가 싹튼다는 것은 새 뿌리와 눈(芽)의 축(軸)이 자라기 시작하는 것이다. 이때 내부적으로는 배젖과 씨눈(유배)에서 물질대사에 큰 변화가 일어난다.

씨의 발아는 두 떡잎 사이에 있는 씨눈의 세포 몇 개가 잠에서 깨어나 세포분열을 시작함으로써 시작된다. 씨가 발아하려면 먼저 외종피가 제거되어야 한다. 외종피에는 발아억제 호르몬이 포함되어 있어 외종피로 싸여 있는 동안에는 발아하지 못한다. 그러나 흙에 파묻힌 종실은 외종피가 부패할 때 발아억제 호르몬도 없어지므로 발아를 할 수 있게 된다.

외종피가 제거된 후, 흰색의 단단한 중종피 속으로 충분한 물이 스며들어야 발아가 가능해진다. 봄에 비가 넉넉하게 내리면, 중종피 속으로 젖어든 수분이 씨눈을 자극하여 발아를 시작하고, 이때 씨눈에서 분비되는 호르몬이 배젖을 자극하여 씨눈이 생장하는데 필요한 수용성(水溶性) 영향분이 되도록 화학변화를 일으킨다. 배젖 속에 저장된 대부분의 영양분은 물에 녹지 않는 전분(澱粉) 상태이므로 그대로는 영양으로 흡수하지 못한다. 그러나 배젖이 수분을 흡수하고, 씨눈으로부터 호르몬이 분비되면, 배젖 속의 효소가 활성화되어 전분을 물에 녹는 포도당으로 변화시키는 것이다.

발아가 시작되면 겨울 동안 배젖 속에서 크게 자란 떡잎이 배젖의 영양분을 흡수하여 새싹의 뿌리와 잎으로 전달한다. 은행 씨의 배젖(식용 부분)의 성분을 분석한 보고에 따르면, 전체 무게의 38%가 탄수화물로서, 대부분은 전분이고 그 외에 약간의 포도당과 자당

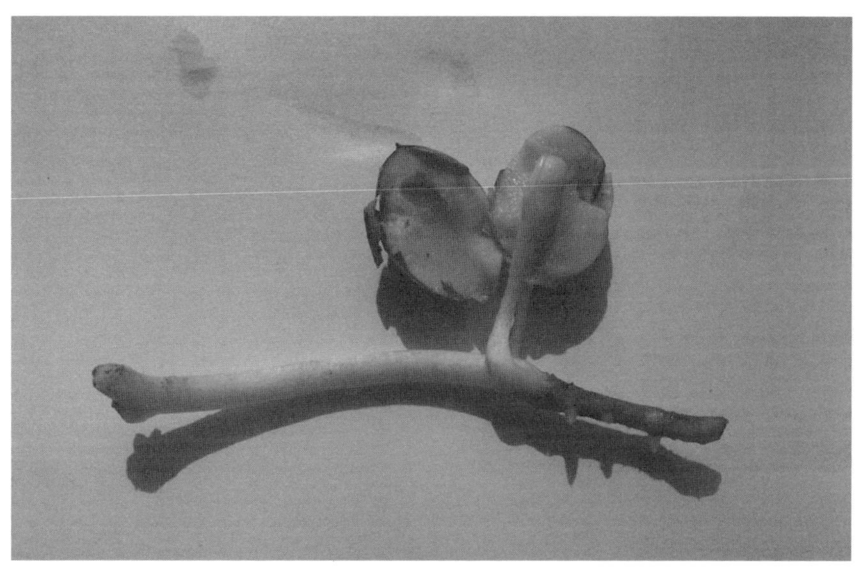

발아를 시작한 은행나무의 씨와 유묘(幼苗)를 절개한 모습이다. 씨 안에서 떡잎
이 신장하여 전체 배유로부터 영양을 흡수한다.

과 과당이 함유되어 있다.

은행 씨의 배젖은 옅은 연두색이다. 이것은 배젖 조직 속에 엽록
체가 있기 때문이다. 태양 빛을 쪼인 콩나물의 머리(콩의 자엽)도
연두색으로 변한다. 이것은 콩의 떡잎(자엽)에 엽록소가 있기 때문
이다(콩에는 배젖이 없고 떡잎에 영양이 저장되어 있다). 배젖 속에
엽록체가 있는 식물은 오직 은행나무뿐이다. 땅속 어둠 속에서 발아
하는 은행 씨의 배젖에 광합성을 하는 엽록체가 왜 있는지에 대한
답은 명확하지 않다.

은행나무 열매는 대부분 가을에 떨어지지만, 일부는 겨우내 가지
에 매달려 있다가 새 잎이 나올 때 쏟아지기도 한다. 그들은 겨울
동안 매달려 있어도 동해를 거의 입지 않는다. 지상에 낙하한 종실
이 저절로 땅에 파묻힐 가능성은 매우 적다. 만일 지면에 노출된 상
태로 봄을 맞는다면, 기온이 따뜻하더라도 지상에서는 수분을 충분
히 공급받지 못해 건조해버리므로 발아하지 못한다.

만일 인위적으로 외종피로 싸인 씨를 파종한다면, 외종피의 발아 억제 물질 영향으로 오래도록 발아하지 못하다가, 외종피가 부패한 후에야 발아를 하게 된다. 그러나 외종피를 벗겨낸 하얀 중종피 씨를 심는다면, 중종피를 통해 수분을 충분히 흡수한 씨눈은 부드러워진 중종피를 깨뜨리고 움이 터나온다. 이때 중종피가 갈라지는 위치는 모서리가 진 곳이다. 발아하면 먼저 뿌리가 나오고 그 다음에 눈이 나온다. 뿌리부터 움터 나오는 것은 콩나물을 보아도 알 수 있다. 새싹은 뿌리부터 나와야 생장에 필요한 수분을 얻을 수 있기 때문이다.

단단한 중종피까지 벗기고 부드러운 배젖을 파종한다면 발아하기가 오히려 어려워진다. 왜냐하면 배젖 조직을 보호할 단단한 중종피가 없으면 곰팡이나 부패균, 또는 땅속의 하등동물로부터 공격을 받을 가능성이 많아지기 때문이다. 은행나무 열매의 물렁한 외종피와 단단한 중종피는 그 속의 배젖과 씨눈을 보호하는 갑옷과 같은 것이다.

은행나무의 씨는 발아기간이 일정치 않다. 대부분은 은행나무에서 새 잎이 나오기 시작할 때 쯤 발아하지만, 어떤 것은 훨씬 늦게 싹이 튼다. 이것도 은행나무가 살아남는 방법의 하나인지 모른다. 만일 이른 봄에 모든 종자가 동시에 싹터 자라기 시작했을 때, 갑자기 추위를 만난다면 전부 동해(凍害)를 입을 것이다. 그러나 일부 씨앗이 늦게 발아한다면 그런 위험은 감소한다.

🌿 은행나무의 염색체

암수 그루가 따로 자라는 식물의 종류는 흔하지 않다. 육상식물 중에 암수딴몸 식물 종류는 20개 과(family)에서 48종이 알려져 있다. 그들 중에 우리와 친숙한 수목은 은행나무, 소철, 주목이다. 은행나무는 암수그루가 다르므로 그들의 염색체에는 인간의 X,Y 염색

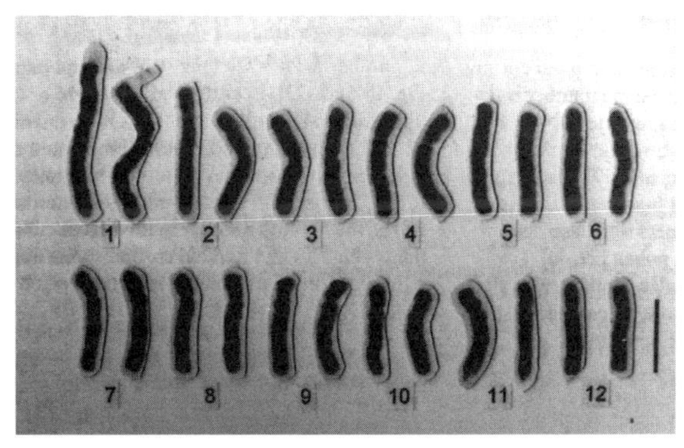

은행나무의 염색체 수는 12쌍 24개이다. 이들 중에 성염색체가 있는지, 있다면 어느 것인지 알지 못하고 있다.

체처럼 뚜렷이 구별되는 성염색체(性染色體)가 있을 것이라고 생각했다. 그러나 2011년까지도 은행나무의 성염색체는 확인되지 않고 있다. 오늘날에는 은행나무 조직을 시험관 속에서 조직배양하면서 염색체를 연구하기도 한다.

은행나무의 염색체 수가 몇 개인지에 대한 조사는 일찍 시작되었다. 염색체를 관찰하려면 세포분열이 빠르게 진행되고 있는 어린잎이나 뿌리 끝의 생장점 조직을 특별한 방법으로 염색하여 찾아보아야 한다.

은행나무 염색체를 연구하기 시작한 1930년대에는 염색체 수가 2n=16일 것이라는 보고가 나왔으나, 1960년대에 와서 2n=24라는 것이 확인되었다. 자연계에 존재하는 식물의 염색체는 전부 2n 즉 2배수체(diploid)이다. 그러나 인위적으로 꽃가루(n=12)를 조직배양하여 키워낸 식물은 반수체의 식물이 되고, 또 정상조직에 콜히틴을 처리하면 4배수체(4n) 식물을 만들어낼 수 있다. 은행나무의 경우에도 1960년대에 일찍이 반수체와 4배체 은행나무를 키워내는 실험이 이루어졌다. 2011년 6월 1일, 우리나라 산림과학원에서 은행나무 수나무에만 존재하는 유전자 DNA 'SCAR-GBM' 표지를 찾아내는데 성공했다고 <산림신문>과 일부 일간지들이 보도했다. 은행나무가 1년생 묘목일 때, 잎의 유전자를 검사하여 암수를 쉽게 구별할 수 있다는 것은 은행나무 육림에 큰 도움을 줄 수 있을 것이다. 우리나라에 은행나무 유전자를 연구하는 학자들이 있다는 뉴스는 매우 반가운

189

일이다.

🍃 은행나무의 조직배양 과학

1950년대 이후 식물의 조직이라든가 세포를 시험관 속에서 배양하는 '조직배양' 기술이 발달하면서 식물학 연구는 새로운 경지를 맞게 되었다. 이때 은행나무는 식물학자들에게 매우 인기 있는 조직배양 대상 식물이었다.

* 은행나무 생식세포의 배양

처음에는 은행 씨에서 씨눈만을 꺼내어 시험관에서 배양했다. 배양액 속에는 씨눈이 자라는데 필요한 영양분이 포함되어 있으므로, 배젖이 없어도 어린 묘로 자랄 수 있다. 나아가 은행나무의 꽃가루만을 배양하여 염색체가 절반(n=12개)뿐인 반수체 은행나무를 키워내기도 했다. 반수체식물은 시험관 속에서 자라기는 하지만 자연계에서는 생존에 불리한 식물이다.

한편 암나무의 미성숙 배를 조직배양하여 완전한 씨눈을 키워내기도 했다. 식물을 조직배양하면, 조직(절편切片) 주변에 여러 개의 세포가 분열하여 덩어리를 이루는데, 이를 '캘러스 세포'(callus cell)라 한다. 캘러스 세포는 나무가 상처를 입었을 때 상처 주변을 보호하도록 만들어내는 조직이기도 하다.

이 캘러스 세포는 하나하나 쉽게 분리되므로 세포 1개를 가려내어 독립적으로 배양할 수 있다. 식물의 캘러스 세포를 적절한 조건에서 배양하면 세포가 분열을 계속하여 캘러스 세포의 덩어리를 이룬다. 이런 상태에서 배양을 계속하면 캘러스 세포 덩어리 속에서 여러 개의 씨눈이 생겨나기도 한다. 이러한 현상은 캘러스 세포가 '완전한 식물체'로 분화하는 분화전능성(totipotency)을 가지고 있기 때문이다. 식물의 세포는 어떤 부분의 것이든 조직배양을 적절히 하면 모두 분화전능성을 나타낼 수 있는 것이다.

캘러스 세포를 배양하는 방법으로 씨눈을 무수히 얻을 수 있게 되자, 흙에서 식물을 장기간 키우지 않고 시험관 속에서 어린 식물체를 단시간에 무한히 생산할 수 있게 되었다. 이런 것을 '조직배양에 의한 미세증식'이라 한다. 오늘날 이러한 조직배양 기술은 고급 난(orchid)이나 귀중한 식물을 대량생산하는 방법으로 이용되고 있다.

* 원형질체세포의 배양

식물 세포의 핵과 내용물은 1차로 세포막(원형질막)으로 둘러싸여 있고, 그 주변에 튼튼한 세포벽이 있다. 이 세포벽의 주성분은 섬유소(cellulose)와 '펙틴'(pectin)이라는 성분이다. 과학자들은 섬유소와 펙틴을 녹이는 셀룰레이스(cellulase)와 펙티네이스(pectinase)를 사용하여 캘러스 세포의 세포벽을 없앨 수 있었으며, 이렇게 하여 세포벽이 없는 원형질막으로만 싸인 세포를 분리하여 얻을 수 있게 되었다.

조직배양학자들은 이 원형질체세포를 적절한 조건에서 배양하여 씨눈으로 키우는 방법을 알게 되었다. 또한 그들은 두 종류 식물의 세포를 하나로 융합하여, 이 세상에 없는 특수한 식물체를 만들어내기도 했다. 그 중 유명한 것이 토마토 세포와 감자 세포를 융합한 '포마토'라는 식물이었다. 그러나 유감스럽게도 기대와 달리 포마토는 두 가지 식물의 기능을 어느 쪽도 제대로 발현하지 못했다. 조직배양을 연구하는 동안에 식물학자들은 배양액의 성분이라든가 환경조건, 특히 식물생장조질 물질에 대한 많은 정보를 얻게 되었다.

* 조직배양으로 얻는 생약성분

조직배양 과학의 발달은 세포 하나로부터 유전자가 동일한 식물체, 즉 클론(clone)을 대량생산할 수 있게 하였다. 또한 조직배양을 하는 방법으로 식물학자들은 식물의 조직이 분화해가는 과정을 매우 자세히 관찰할 수 있게 되었다. 한편 캘러스 세포는 시험관 속에서 대량증식이 가능하므로, 이번에는 은행나무 잎의 캘러스 세포를 대량 배양하여 그 속에서 의약 성분(깅골라이드)을 추출하는 실험도 진행되었다. 필요한 성분을 더 많이 얻으려면 어떤 조건에서 배양해야 하는지도 실험했다. 이러한 시도는 시험관 속에서는 성공하고 있지만, 아직 경제성 있는 방법으로까지 발전하지 않고 있다. 은행나무의 조직배양으로 얻게 된 중요 성과를 간추려 보면 다음과 같다.

1. 수꽃의 꽃가루를 배양하여 꽃가루관이 발아하고, 그 속에서 정자가 생겨나는 과정 및 정자의 활동을 자세히 조사했다.

2. 암꽃 생식세포를 시험관에서 배양하여 난세포가 형성되는 과정을 자세히 밝혔다.

3. 특별히 조성된 배양액과 배양 방법으로 꽃가루를 배양하여 반수체의 은행나무를 키워내는 실험을 했다. 꽃가루에는 은행나무 염색체 24개 중 12개만 있으므로 염색체 수가 절반인 어린 배가 형성된다. 꽃가루를 배양하여 생육한 유배는 은행나무의 '반수체 클론'(haploid clone)을 대량 생산할 수 있게 했다.

4. 난세포와 정자가 수정하여 진행되는 씨눈의 발생 과정을 시험관 속에서 자세히 관찰했다.

5. 씨눈의 떡잎을 조직배양하여, 떡잎 표면에 형성되는 캘러스 세포들을 대량 배양하게 되었고. 배양 조건을 적절히 조성함에 따라 캘러스 세포들에서 씨눈을 대량 발생시키는 방법을 알게 되었다. 캘러스 세포가 직접 씨눈으로 된다는 것은 생식세포가 아닌 체세포(體細胞)가 직접 씨눈으로 발생한 것이다. 식물학에서는 이를 '체세포 배발생'이라 한다. 캘러스를 이용하여 씨눈을 대량생산하는 기술은 유전자 구조가 같은 클론 식물체를 대량생산하는 방법이다. 이 기술은 우수한 품종의 유묘를 단시간에 대량 증식시키는 방법으로 이용할 수 있게 했다.

6. 잎, 뿌리, 씨눈, 떡잎 등의 은행나무 조직을 시험관 배양하여

약용으로 사용할 깅골라이드와 기타 살충, 살균 성분을 효과적으로 생산하는 길을 찾게 되었다.

7. 조직배양 방법으로 은행나무의 꽃가루를 2~3년간 장기 보존할 수 있게 되었다.

8. 시험관 속의 실험과 관찰에 의해 자외선, 가시광선 등이 광합성에 미치는 영향 등을 정밀하게 조사했다.

9. 식물세포 내에서 각종 화학물질이 합성되고 분해되는 화학적 변화 과정을 조사했다.

* **캘러스 세포는 식물의 줄기세포 :**

식물의 조직 일부를 시험관에서 적당한 조건 하에서 배양하면, 조직의 일부가 단세포 상태로 분리되며, 이것이 세포분열을 거듭하여 다수의 세포 덩어리를 이루게 된다. 이렇게 만들어진 세포를 '캘러스(callus) 세포'라 하며, 캘러스 세포를 하나하나 분리하여 배양하면 이것 역시 세포분열을 거듭하여 다수의 덩어리 캘러스 세포가 된다. 이런 캘러스 세포는 배양 조건에 따라 일부 세포가 직접 씨눈으로 된다. 이렇게 하여 씨눈을 대량 생산하면, 그 씨눈은 유전적으로 동일한 클론 유묘로 생장시킬 수 있다.

그러므로 식물의 경우, 캘러스 세포는 수정 과정 없이 온전한 식물체로 분화할 수 있는 분화전능성(分化全能性) 즉 줄기세포 (stem cell)와 같은 기능을 가진 것이다. 우수품종을 육성하기 위해 유전자(DNA)를 조작할 때는 조직배양한 캘러스 세포를 이용하는 것이 편리하다. 캘러스 세포 배양기술은 유전적으로 동일한 클론 식물체를 대량 육성하는 방법으로 이용되고 있다.

은행나무는 1896년 일본의 식물학자 히라세가 처음으로 은행나무의 정자를 발견하기 이전부터 여러 학자들이 관심을 가졌던 중요한 식물이었다. 은행나무는 진화상 고사리류와 나자식물을 연결하는 중요한 존재이기 때문에 그에 대한 해부·형태·발생학적 연구는 일찍부터 이루어져 왔다. 최근에는 분자생물학의 발전에 따라 은행잎의 엽록체 속에 포함된 DNA를 조사하는 연구가 실시되었다.

자손으로 유전되는 것은 세포 내 핵 속의 DNA라고만 일반인들은 알고 있다. 그러나 식물의 잎에서 광합성 작용을 하는 엽록체에도 소량의 DNA가 포함되어 있다. 엽록체는 세포의 핵 속이 아니라 바깥 세포질 속에 있으며, 엽록체 DNA 역시 핵 속의 DNA처럼 유전되고 있다.

엽록체 속의 DNA가 다음 세대에 유전되고 있다는 사실은 분자생물학의 발전에 따라 확인되었다. 가장 하등한 식물로 인정되는 '시아노박테리아(남조류)'라는 하등한 식물은 작은 세포들이 염주처럼 연결되어 있으며, 전 세계 어디든 물이 있는 곳이면 살고 있다. 이들의 세포 속에는 광합성을 할 수 있는 원

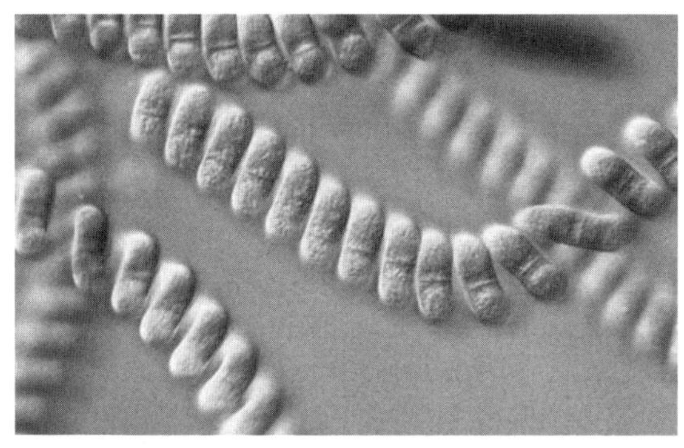

세포가 길게 연결되어 실처럼 보이는 시아노박테리아 종류는 엽록체가 있어 광합성도 하고, 공기 중의 질소를 고정하는 능력을 가지고 있다. 시아노박테리아의 엽록체가 단세포 생명체 속으로 우연히 들어가 최초의 광합성식물이 생겨났다는 학설이 정설로 인정되고 있다. 시아노박테리아는 지구상에서 이루어지는 전체 광합성 생산량의 20~30%를 차지한다.

시적인 엽록체가 들어있다. 또한 이 생명체는 스스로 공기 중의 질소를 합성하여 암모니아(NH_3), 이산화질소(NO_2), 삼산화질소(NO_3)로 만들어 영양분으로 흡수하는 능력도 가지고 있다. 그러므로 스스로 광합성도 하고 질소도 고정하는 시아노박테리아는 지구상에서 가장 성공적인 미생물이라는 말을 듣는다.

시아노박테리아를 연구하던 러시아의 식물학자 콘스탄틴 메레슈코브스키(Konstantin Mereschkowski 1855~1921)는 최초의 원시 식물이 태어난 과정을 설명하는 매우 흥미로운 학설을 1905년에 발표했다. 즉, 그는 "박테리아와 같은 단세포 생물체 속으로 남조류(시아노박테리아)의 엽록체가 우연히 들어가, 서로 공생하게 되면서 광합성을 하는 최초의 식물이 생겨나게 되었다."는 것이다. '내부공생이론'(endosymbiotic theory)이라 불리는 이 학설은 여러 학자들이 더 구체화하여 오늘날에는 정설로 인정받게 되었다.

식물 진화학자들 중에는 엽록체 속의 DNA만 아니라 미토콘드리아 속의 DNA, RNA, 단백질 등을 분석하여 진화의 계통을 연구하기도 한다. 일본 이바라키현 구키자키의 '삼림 목재생산 연구소'의 츠무라(Tsumura, Yoshihiro)는 은행나무, 침엽수, 그네툼, 소철 이렇게 4가지 잎의 엽록체와 미토콘드리아 속에 포함된 DNA와 단백질, RNA 등을 조사하는 분자생물학적인 방법으로 유연관계를 연구했다, 그 결과 그들은 4가지 식물 무리 중에서 소철류가 은행나무와 더 가까운 관계가 있다고 했다.

참고문헌

고규홍. 2010, 은행나무-우리가 지켜야 할 우리 나무; 다산기획
김현우. 2009, 은행나무-문화 역사 그리고 사람의 만남; 이담
박상범. 2006, 은행나무 잎을 혼합하여 제조한 파티클보드의 물리기계적 성질과 포름알데히드 저감효과, 임산에너지 25-2
이규배. 2005, 식물형태학; 라이프사이언스
장재은, 김종원. 2007, 노거수 생태와 문화 : 월드사이언스
채희재, 박종분, 박창순, 임중혁. 2010, 은행나무 잎을 첨가한 항충지 대지의 물성 및 쌀바구미 살충효과 한국펄프공학회 추계학술논문집

American Botanical Council. 2011, Herbal medicine Ginkgo Biloba Extract
Christopher Hobbs. 1996, Ginkgo-Ancient Medicine, Modern Medicine.
Colin Tudge. 2005, The Tree : Three Rivers Press, New York
Florin R. 1949. The morphology of *Trichoppitys heteromorpha* Saporta, a seed plant of Palaeozoic age, and the evolution of female glowers in the Ginkgoinae, Acta Horti Bergiana 15(5) : 158-182
Gar W. Rothwell and Ben Hort. 1997, Fossils and Phenology in the Evolution of *Ginkgo biloba*. Springer Verlag : Tokyo : 223-231
He Shan-an, Yin Gu, Pang Zi-Jie. 1997, Resources and Prospects of *Ginko biloba* in China : Springer Verlag : Tokyo : 373-383

Hiroshi Honda, 1997, Ginkgo and Insect. Springer Verlag : Tokyo : 243-250

Honda H. 1997, *Ginkgo* and Insect-A Global Tressure from Biology to Medicine, Springer Verlag : Tokyo; 183-206

Jocelyne Tremouillaux-Guiller. 1997, Cyclic Embryogenesis from Male and Female Protoplasts; Springer Verlag : Tokyo : 127-139

Kazyhiko Uemura. 1997, Cenozxoic History of *Ginkgo* in East Asia : Springer Verlag : Tokyo : 297-221

Keiji and Masamobu Haga. 1997, Food Poisoning by *Ginkgo biloba* Seeds : Springer Verlag : Tokyo : 309-321

Kunijiro Yoshitasma. 1997, Flavonoids of *Ginkgo biloba*. 1997, Springer Verlag : Tokyo : 287-299

Los Angeles Times. Broader definition of Alzheimer's could help doctors diagnose it earlier; Apr. 25, 2011

Mariko Handa. 1997, *Ginkgo* landscape. Springer Verlag : Tokyo : 259-285

Masahiro Hizume. 1997, Chromosomes of ginkgl biloba; Springer Verlag : Tokyo : 109-126

Meyen SV. 1987. Fundamentals of Paleobotany. Chapman & Hall : London & New York.

Naohisa Kochibe, 1997, Allergic Substances of *Ginkgo biloba* : Springer Verlag : Tokyo : 301-305

Noboru Hara. 1997, Morphology and Anatomy of Vegetative Organs in *Ginkgo biloba*, Springer Verlag : Tokyo : 3-13

Norio Sahashi. 1997, Pollen Morphology of *Ginkgo biloba* : Springer Verlag : Tokyo : 17-28

Ogura, Y. 1967, History of Discovery of Spermatozoids in *Ginkgo biloba and Cycas revolute*. Dept. of Botany, Faculty of Science Univ. of Tokyo. Phytomorphology, Vol 17, 109-114

Peter Del Tredici. 1997, Lignotuber Development in Ginkgo biloba : Springer Verlag : Tokyo : 119-126

Pierre G. Braquet. 1997, Platelet-Activating Factor and Its Antagonists : Scientific Background and Clinical Applications of Ginkolides : Springer Verlag : Tokyo : 359-371

Rabin, Roni Caryn. (Nov. 18, 2008), Ginkgo biloba Ineffective Against Dementia, Reserchers Find. The New York Times.

Rene Roha. 1997, Ultrastructure of *Ginkgo biloba*; Springer Verlag : Tokyo : 85-98

Robert W. Ridge. 1997, Analysis of Flagellar Movement in *Ginkgo biloba* Sperm by High Speed Video Microscopy; Springer Verlag : Tokyo : 99-107

Sanae Soma. 1997, Development of the Female Gametophyte and the Embryogeny of *Ginkgo biloba* : Springer Verlag : Tokyo : 51-65

Shihomi Hori, Terumitsu Hori. 1997, A Cultural History of *Ginkgo Biloba* in Japan and the Generic Name *Ginkgo* : Springer Verlag : Tokyo : 385-401

Soh WY. 1988, The ontogeny of vascular cambium in cotyledon in Ginkgo biloba roots. Bot. Mag. Tokyo 101 : 39-53

Takayuki Aoki. 1997, Fungal Association with *Ginkgo biloba*. Springer Verlag : Tokyo : 251-156

Terumitsu Hori, Shin-ichi Miyamura. 1997, Contribution to the Knowledge of Fertilization of Gymnosperms with Flagellated Sperm Cells : *Ginkgo biloba* and *Cycas revoluta* : Springer Verlag : Tokyo : 67-84

The New York Times. Ginkgo biloba Ineffective Against Dementia, Reserchers Find; Nov. 18, 2008.

Toshiyuki Nagata. 1997, Scientific Contributions of Sakugoro Hirase : Springer Verlag : Tokyo : 413-416

University of Maryland Medical Center. 2008, Ginkgo biloba.

Walter Tulecke. 1997, Tissue Culture Studies on Gingo biloba : Springer Verlag : Tokyo : 141-156

William E. Friedman, Ernest M. Gifford. 1997, Development of the Male Gametophyte of *Ginkgo biloba* : A Window into the Reproductive Biology of Early Seed Plants : Springer Verlag : Tokyo : 29-49

Wiltrud Juretzek. 1997, Recent Advances in *Ginkgo biloba* Extract(EGB 761); Springer Verlag : Tokyo : 341-358

Yoon Soo Kim, Jae Kee Lee, Gap Chae Chung. 1997, Tolerance and Susceptibility of *Ginkgo* to Air Pollution. Springer Verlag : Tokyo : 233-242

Yoshihiko Tsumura, Kihachiro Ohba. 1997, The Genetic Diversity of Isozymes and the Possible Dessemination of *Ginkgo biloba* in Acient Times in Japan : Springer Verlag : Tokyo : 159-181

Zhiyan Zhou. 1997, Mesozoic Ginkgoalena Megafossils : A Systematic Review : Springer Verlag : Tokyo : 183-206

Zhou ZY. 1997 Mesozoic Ginkgoalean megafossils : a systematic review. In *Ginkgo biloba*-A Global Tressure from Biology to Medicine, Springer Verlag : Tokyo; 183-206

세계의 자연유산
은행나무의 과학 · 문화 · 신비

찍은 날 : 2011년 11월 5일
펴낸 날 : 2011년 11월 15일

지은이 : 소웅영 · 윤실
펴낸이 : 손영일

펴낸 곳 : 전파과학사

출판등록 : 1956. 7. 23 (제10-89호)
주소 : 120-824 서울 서대문구 연희2동 92-18
전화 : 02-333-8855 / 333-8877
팩스 : 02-333-8092
홈페이지 : www.s-wave.co.kr
전자우편 : chonpa2@hanmail.net
ISBN : 978-89-7044-275-4 93480